Und das Buch, was finde ich in eurem Buch?

ANTONIA: Das Buch erzählt von unserer Freundschaft anhand der Vögel, die wir zusammen erlebt und was wir mit ihnen erlebt haben. Es ist eine persönliche Geschichte mit sehr viel Humor. Sehr umgangssprachlich geschrieben. Wir hatten keinen Bock, uns zu verstellen oder irgendwie jetzt hier einen auf dicke Hose zu machen, um wissenschaftlich rüberzukommen. Ein Buch über die Liebe zu Vögeln und unsere Freundschaft.

PHILIPP: Ja, wie Vögel und unsere Liebe zu Vögeln uns in unserem Leben beeinflusst haben oder eben unsere Freundschaft. Vögel haben uns sehr zusammengeführt.

Das macht mich wirklich irre neugierig: Zum Ende noch die Frage *Wie ist man denn gut zu Vögeln?*

PHILIPP: Indem du sie wahrnimmst. Indem du vor die Tür gehst und merkst, du bist nicht allein in dieser Welt. Indem du dadurch das Gefühl entwickelst, dass das so bleiben sollte. Und natürlich kannst du ganz konkret Sonnenblumenkerne auslegen. Ja, das ist vielleicht ein Weg. Aber ich glaube, der erste Weg ist, diesen Schatz vor der Tür zu begreifen und dann anzufangen, ihn zu mögen. Und das, was du in dein Herz lässt, das möchtest du ja auch schützen. Das ist dann deine Familie, ich sehe Vögel wie meine Freunde.

ANTONIA: Ja, das hast du gut gesagt. So ist es wohl.

Das Interview führte die Radiomoderatorin und Journalistin BETTINA RUST.

FÜR PAPA.
WIR VERMISSEN
DICH.
—— VON ANTONIA

FÜR MEINE ELTERN
UND FÜR DIETER,
IN LIEBE.
—— VON PHILIPP

ANTONIA COENEN | PHILIPP JURANEK

VOGEL ENTDECKT — HERZ VERLOREN

KOSMOS

Wie Vögel unser Leben besser machen

LEIDENSCHAFT

Es gibt viele Leidenschaften: Motorradfahren, Tennis spielen, Kunst sammeln, Musik hören, Stricken oder Modelleisenbahnen sind nur einige. Manche macht man in Gruppen, andere lieber allein. Die einen wurden uns von den Eltern nahegebracht, andere tun wir, damit wir uns besser fühlen. Dann gibt es Leidenschaften, die man tief im Herzen mit sich trägt – sie sind wie heimliche Wegbegleiter und passieren, wo man geht und steht, fast beiläufig. Vögel sind so etwas.

Oft passiert es leise und fast zufällig, beim ersten Öffnen des Fensters im Ferienhaus am Bodensee oder auf dem Autobahn-Rastplatz, wenn plötzlich eine Bachstelze kreuzt – die Entdeckerin es aber für sich behält, in sich hinein lächelt und glücklich ist, den kleinen Vogel entdeckt und erkannt zu haben. Das nennt man Vogelbeobachtung und diese Aktivität steht am Anfang jeder Vogelliebe.

Als Hobby ist das Vogelbeobachten nicht ganz so klar zu verorten wie andere Freizeitbeschäftigungen, die beispielsweise ausschließlich auf dem Golfplatz stattfinden. Vögel kann man auf dem Land und in der Stadt gleichermaßen beobachten. Und genau darin liegt die Spannung und die Besonderheit des „Birding“. Es ist sehr niederschwellig. Das bedeutet: Sozioökonomische Faktoren spielen keine Rolle, die Herkunft, das Alter und der soziale Background für dieses Hobby sind egal, denn Vögel gibt es so gut wie überall – ob beim teuren Strandurlaub auf Mauritius oder in den Brooklyn Heights. Sogar auf den Balkonen in ostdeutschen Plattenbauten ist mehr los, als man zunächst vielleicht annimmt. Auch dort hört man am frühen Morgen die Amsel singen, die Spatzen tschilpen und die Nebelkrähen krächzen. Und erkennt man sie, schenkt ihnen Aufmerksamkeit und hört ihnen kurz zu – dann wird der Morgen um einiges schöner.

Die breite Bevölkerung, die nichts mit „Birdern“ am Hut hat, würde sie in etwa wie folgt beschreiben: „Alte, vor allem weiße Männer und Frauen mit Fernglas und beigefarbenen Dreiviertel-Outdoor-Hosen, die in kleinen Grüppchen in den Himmel gucken, Baumkronen absuchen und ihre Entdeckungen eifrig notieren – stets auf der Suche nach Arten, die besonders selten sind.“ Doch das stimmt so nicht ganz. Und dieses Buch soll den Beweis liefern, dass Vogelliebe auch – oder vielleicht sogar vor allem – jenseits von wissenschaftlichen Beobachtungen rund um Vögel gedeiht.

Philipp Juranek, 32, und Antonia Coenen, 45, haben keine Funktionskleidung, hatten ewig nicht mal ein richtiges Fernglas – und sind trotzdem leidenschaftliche Vogelfans. Die Vogelliebe zieht sich durch ihr ganzes Leben und hat maßgeblich zu ihrer Freundschaft beigetragen.

Die folgenden Seiten sollen dazu inspirieren, Vögel bewusst zu erleben. Die Vielfalt, den Gesang und die Schönheit dieser Tiere zu erkennen. Vögel sind immer um uns herum – und ein Leben mit ihnen ist bedeutend schöner als ein Leben ohne sie.

Anhand von einzelnen Vogelporträts erzählen Philipp und Antonia von ausgesuchten Vogelarten; ihren Bedürfnissen, ihrer Faszination, ihrer Schönheit und Einzigartigkeit aber auch von ihren Nöten und den Gefahren, denen sie ausgesetzt sind. Einen wichtigen Stellenwert hat die Präsenz der Vögel in Kunst, Literatur, Kultur und Popkultur – denn Vögel begleiten die Menschheit seit Jahrhunderten. Und so sehr sie verehrt werden, hat der Mensch viele an den Rand des Aussterbens gebracht. Oder darüber hinaus.

Antonia und Philipp betreiben keine Wissenschaft. Sie haben nicht Biologie studiert, keine Fortbildung in Umweltpädagogik gemacht, kein Freiwilliges Ökologisches Jahr in der Vogelwarte Helgoland. Und dennoch gibt es wenig, das ihre Herzen höherschlagen lässt, als Vögel. Sie zu bestimmen oder ihren Gesängen zu lauschen, sie in der Popkultur wiederzutreffen. Es ist für sie das reine, pure Glück. Vielleicht gerade, weil sie die Vögel nicht naturwissenschaftlich studiert haben, konnte die Leidenschaft für sie ganz natürlich in ihnen wachsen. Und auch das Leben in der Großstadt hielt sie keineswegs davon ab.

„I can‘t look at the rocket launch
The trophy wives of the astronauts
And I won‘t listen to their words
’Cause I like Birds.“
(EELS, „I LIKE BIRDS“, 2000)

Im Sommer 2014, als wir uns in Berlin kennenlernten, saßen wir vorm Italiener „Donath“ und aßen etwas. Die Fassade war zugewachsen von Efeu, dicke Stämme rankten sich hoch bis zum Dach; so dick, dass man auch ohne Biologie-Studium erkennen konnte, dass er viele Jahre dort hatte ungestört wachsen dürfen. Über uns tschilpten Spatzen, viele Spatzen, in Berlin ein ganz alltägliches Geräusch. So alltäglich, dass es vielen Berlinerinnen und Berlinern gar nicht mehr auffällt. Spatzen gehören einfach dazu. Uns aber fiel es auf – und es wurde zum Thema beim Essen. Städterin Antonia und Philipp, der Junge vom Land in Niedersachsen, saßen also im Donath und während es über ihren Köpfen tschilpte und zeterte, ging es beim Essen darum, dass es in Köln schon 2014 kaum noch Spatzen gab. Es ging um das leise Verschwinden vieler Arten, um die Mitschuld von uns Menschen und um die Tragik dahinter.

Das Gespräch war sehr emotional und hat uns eindrücklich gezeigt, wie sehr wir beide Vögel lieben. In jenem Sommer ahnten wir noch nicht, dass wenige Jahre später der Wildwuchs und das Efeu entfernt werden würde, und eine ganze Spatzenkolonie ihr Zuhause verlieren sollte. Heute sind die Innenstädte von Köln, München und Paris spatzenleer. Der Allerweltsvogel ist dort so gut wie ausgestorben. Das hätte nicht passieren dürfen.

Vögel zu beobachten, ihnen zu lauschen oder über sie zu sprechen, erfüllt uns mit Liebe und einer ganz besonderen Wärme. Es ist eine Sensibilität für das, was uns umgibt. Ein Gefühl dafür, dass wir nicht allein sind auf diesem Planeten; dass wir eine Verantwortung tragen für das, was mit uns hier lebt und was uns täglich umgibt. Es ist wohl Schicksal und ein großes Glück, dass wir beide uns getroffen haben. Manchmal braucht es Fügungen wie unsere – eine Motivation, einer Leidenschaft weiter nachzugehen, altes Wissen hervorzukramen und neues zu erlangen. Und vor allem: andere damit anzustecken.

Wir hätten 2020 zu Beginn der Corona-Pandemie nie damit gerechnet, dass jemand unseren Podcast hören würde. Aber da wir sowieso jeden Tag unsere Vogelerlebnisse austauschten, war es ganz natürlich, unsere Gespräche aufzuzeichnen.

Wie beim Podcast, behandeln auch die einzelnen Kapitel des Buchs jeweils eine Vogelart, die für eine gewisse Zeit oder ein besonderes Ereignis in unserem Leben steht und symbolisch ist für wichtige Aspekte in der Welt der Vögel. Angefangen mit der Singvogelart Ortolan, über den wir unseren ersten gemeinsamen Film realisierten.

Am Anfang war der Ortolan

VOGELSCHUTZ

Antonia und Philipp lernten sich über eine gemeinsame Freundin kennen und lieben. 2015 startete Philipp ein Volontariat bei Antonias Produktionsfirma. Fortan saßen sie in einem Büro und produzierten Dokus und Reportagen. Die Hauptthemen bei LOUPEFILM waren immer schon Natur-, Arten-, Tier- und Umweltschutz gewesen. Es dauerte nicht lange und Philipp pitchte sein Lieblingsthema: Vögel und deren Schutz. Mit dem Ortolan ging es los.

Der Ortolan bedeutet mir viel. Meine Beziehung zu ihm ist besonders, denn er wurde mir erst spät zum Freund.

IN DER ROTEN LISTE GEFÄHRDETER ARTEN WIRD DER ORTOLAN AKTUELL IN DER KATEGORIE DREI (GEFÄHRDET) GEFÜHRT.

1

2

3

4

AMMERN sind eine Singvogelfamilie, die recht eng mit den Finken verwandt ist. Neben dem seltenen **ORTOLAN (1)** ist besonders die **GOLDAMMER (2)** bekannt. Sie ist unsere häufigste Ammer. **DIE ROHRAMMER (3)** bewohnt Schilfgürtel und mag Gewässer; die **GRAUAMMER (4)** ist die größte Ammer und vielerorts bereits verschwunden.

PHILIPP

Es ist wohl nicht verwunderlich, dass Vögel das Thema meines ersten Films waren. Genauer gesagt ging es um den Ortolan, der auch Gartenammer genannt wird. Ein seltener Singvogel, kaum größer als ein Spatz. In Deutschland kennen ihn die wenigsten, aber seine Geschichte ist einzigartig. Vielerorts ist der Ortolan ausgestorben; seinen berühmten Gesang kann man mit etwas Glück nur noch in Teilen Brandenburgs, im Wendland und in Franken hören, wo es einen sehr kleinen Restbestand gibt, der mit viel Geld und Mühe geschützt wird. Die Gründe für sein Verschwinden sind vielfältig.

Der Ortolan ist ein Vogel, der mir enorm viel bedeutet. Meine Beziehung zum Ortolan ist besonders – denn er ist mir erst spät im Leben zum Freund geworden. Viele Vogelarten liebt man ja schon immer oder hat Erinnerungen an sie, die eng mit der Kindheit verknüpft sind. Ich hatte als Kind keinerlei Bezug zum Ortolan. In meinen Vogelbüchern überlas ich ihn fast, lediglich der besondere Name fiel mir auf. Warum Goldammer, Grauammer, Rohrammer, Schneeammer, Zaunammer, Zippammer und dann plötzlich: Ortolan.

Mitten unter ihnen? Der zweite Name, Gartenammer, steht oft noch dabei, so nennt ihn aber kaum jemand. Ist auch irgendwie irreführend, denn in Gärten zeigt sich der Ortolan kaum. Aber Gärten sind ja auch nicht mehr das, was sie früher einmal waren. Denn wenn man überlegt, dass große Obstgärten in Dorfrandlage zur Versorgung ganzer Dörfer auch Gärten im eigentlichen Sinne sind, so passt Gartenammer doch wieder ganz gut. Denn der Ortolan ist zwar ein Vogel offener Landschaften, aber anders als zum Beispiel seine große Schwester, die Grauammer, ist er auf alte, hohe Bäume in der Landschaft angewiesen – und vielerorts waren das früher Obstbäume. In unseren Breiten sind das heute meistens alte Eichen, die er als Singwarte nutzt und braucht. In einer Landschaft ganz ohne Baum sucht man den Ortolan vergebens. Das weiß ich heute; in meinen frühen Vogeljahren hatte ich vom Ortolan keine Ahnung. Wir sind erst später und eher zufällig ineinander gerannt. Ich weiß nicht, wann genau es war, ich las jedoch irgendwann einmal im Internet auf den Seiten des Komitees gegen den Vogelmord etwas über Wilderei, illegalen Vogelfang und in diesem Zusammenhang auch etwas über Ortolane. Das Komitee gegen den Vogelmord ist übrigens ein Naturschutzverein, dem Antonia und ich sehr nahestehen und dessen Arbeit für unsere heimische Vogelwelt einzigartig ist. Durch das Komitee habe ich den Ortolan kennengelernt. In dem Beitrag auf dessen Homepage wurde ein Phänomen beschrieben, das später Gegenstand meiner ersten Reportage werden sollte. Dort stand, der Ortolan sei in Frankreich eine Delikatesse, er werde illegal gefangen, gemästet und gegessen.

Das konnte ich nicht glauben. Ein Vogel, kaum größer als ein Spatz? Bei uns nehmen die Bestände ab und nebenan in Frankreich landet er im Kochtopf?

Ich hatte schon öfter von Singvogel-Wilderei gehört, mein Vater erzählte früher öfter von einem alten Freund, der aus Protest nicht mehr nach Norditalien in den Urlaub fuhr, weil dort Wilderei und Singvogelfang nach wie vor an der Tagesordnung gewesen war. Das war in den 1970ern. Ich wusste auch, dass diese Wilderei auch heute noch vonstatten ging und es immer noch Menschen gibt, die Rotkehlchen und Co. mit aufgespannten Netzen oder Leimruten fangen und essen.

Das wusste ich alles und es wunderte mich auch nicht. Vor nicht allzu langer Zeit war Singvogelfang und -zubereitung auch noch in Deutschland verbreitet; das Kuchengebäck „Leipziger Lerche“ wurde erfunden, als 1876 in Leipzig der Vogelfang offiziell verboten wurde. Lerchen waren seit dem Mittelalter eine Delikatesse in der Region um Leipzig. Auch Mozarts Vogelfänger aus der „Zauberflöte“ ist ein berühmtes Beispiel dafür, wie breit der Vogelfang bei uns verbreitet war.

Das Lied mochte ich als Kind sehr, ich hatte viele Jahre lang Klavierunterricht und habe es oft gespielt. Noch heute habe ich manchmal aus dem Nichts einen Ohrwurm davon.
Dass aber der Ortolan auf den Speisekarten in feinen französischen Restaurants stehen sollte, war mir neu. Ich begann also zu recherchieren und fand heraus: Es hat eine lange Tradition in Frankreich, Ortolane zu essen – und noch heute wird es in feinen Kreisen gemacht. Der Legende nach soll sogar Francoise Mitterand, französischer Staatspräsident bis 1995, noch auf dem Sterbebett nach zubereiteten Ortolanen verlangt haben. Mitterand stammte aus der Gascogne im Südwesten Frankreichs und verbrachte dort viel Zeit auf seinem Landsitz in Latche. Die Gascogne, besonders das Departement Landes, ist eine Hochburg der Ortolan-Wilderei.

Der Ortolan ist ein Langstreckenzieher. Das allein ist schon besonders, denn andere Ammern, zum Beispiel die Goldammer, sind keine ausgeprägten Zugvögel. Auch die Grauammer, die bei mir hinterm Haus Frühling für Frühling fleißig singt und mein Herz bewegt, da sie in weiten Teilen Westdeutschlands längst ausgestorben ist, ist allenfalls Teilzieherin und schon im Februar bei uns in den Feldern wieder zu hören und zu sehen. Der Ortolan aber zieht aus seinen mittel- und osteuropäischen Brutgebieten bis ins westliche Afrika und überwintert dort südlich der Sahara. An diese lange und für Ammern einzigartige Reise hat sich der Ortolan in der Evolution körperlich angepasst. Er besitzt Fettpolster in der Brust, von denen er auf der langen Reise zehren kann. Sein volkstümlicher Name „Fettammer“ geht auf diese Eigenschaft zurück. Diese Reserven muss er sich im Herbst anfressen, und bevor er die Pyrenäen überfliegt, macht er eine längere Rast zwischen Atlantik und Bordeaux. Das wird dem kleinen Vogel zum Verhängnis. Schätzungen nach fingen französische Wilderer in guten Jahren bis zu 30.000 Ortolane pro Saison. Zum Vergleich: In Deutschland gibt es nur noch knapp 15.000 Brutpaare. Als ich begann, die traurige Geschichte des Ortolans zu recherchieren, wusste ich noch nicht, dass ich später selbst Zeuge dieser schaurigen Tradition werden sollte: Mithilfe von Lockvögeln in speziellen Fang-Anlagen werden die Ortolane vom Gesang angelockt, gefangen und in dunklen Käfigen wochenlang gemästet. Im Dunkeln verlieren die Vögel die Orientierung und das Zeitgefühl und fressen schneller und mehr. Hat der Ortolan das Doppelte seines Normalgewichts erreicht, erfolgt der nächste Schritt in dieser ekelhaften Tradition: Die Ortolane werden in Armangac ertränkt. Der französische Weinbrand sorgt einerseits für den schnellen Tod der Vögel, gleichzeitig soll er den Ortolan verfeinern. Ich werde nie vergessen, wie der Spitzenkoch, den wir später für unseren Film über den Ortolan in Frankreich trafen, uns ins Gesicht sagte: „Das ist ein schöner Tod. Es ist doch besser, an einem guten Armagnac zu sterben als an Krebs im Krankenhaus.“

Danach werden die kleinen Vögel gerupft, gebraten und als besonders geheime, denn inzwischen illegale Nachspeise der Bourgeoisie in einer traditionellen Zeremonie gegessen. Dabei legt man ein großes Tuch über den Kopf der speisenden Gäste, die sich unter diesem Tuch verstecken. Der Grund: Die Fettammer ist so voller Fett und Armagnac, dass es schlicht kein schöner Anblick ist, seinem Gegenüber dabei zuzusehen. Die kleinen Knochen des Vogels werden mitgegessen. Dank des unermüdlichen Einsatzes von Menschen, die sich im Umweltschutz engagieren, ist der Fang und Verzehr des seltenen Vogels heute verboten – doch in Hinterzimmern feiner Gesellschaften findet dieses Ritual bis heute statt. Viele Köche sagen zudem, es sei eine französische Tradition und ein Kulturgut und der Ortolan gehöre zurück auf die Karte. Besonders paradox scheint dies, wenn man bedenkt, dass die Bestände in den Brutgebieten abnehmen.
Ich erinnere mich, wie ich Antonia – die damals meine Chefin war – von dem Vogel und der Geschichte dahinter erzählte. Ich arbeitete damals noch nicht lange mit ihr zusammen; dass wir beide Vögel liebten, ist uns

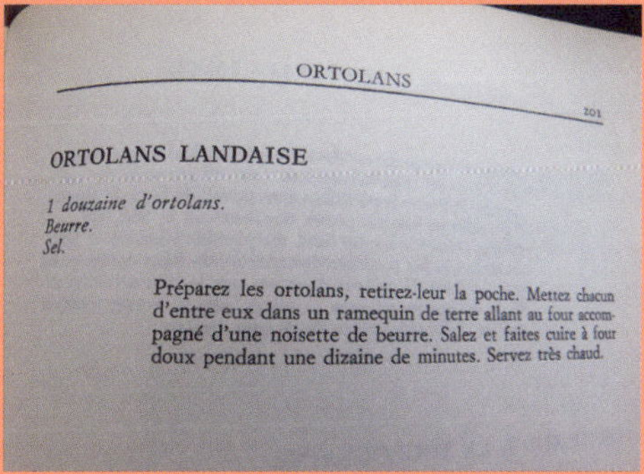

ORTOLANS 201

ORTOLANS LANDAISE

1 douzaine d'ortolans.
Beurre.
Sel.

Préparez les ortolans, retirez-leur la poche. Mettez chacun d'entre eux dans un ramequin de terre allant au four accompagné d'une noisette de beurre. Salez et faites cuire à four doux pendant une dizaine de minutes. Servez très chaud.

DIE SÜDWESTFRANZÖSISCHE Region Landes sieht zwar hübsch aus, aber für Ortolane ist sie kein Ort zum Verweilen. **DIE JAGD AUF SINGVÖGEL** und speziell auf Ortolane hat dort eine lange Tradition. Rezepte stehen in lokalen Kochbüchern.

DIE BIOLOGIN PETRA BERNARDY HAT EINE ENGE BINDUNG ZUM ORTOLAN AUFGEBAUT.

ORTOLANE ZU FILMEN ist kein leichtes Unterfangen. Erstens sind sie selten – und zweitens gleicht ihr Gefieder nahezu dem frischen Eichenlaub, in dem sie nach ihrer Rückkehr aus den Winterquartieren perfekt getarnt sind. **WÄHREND DER DREHARBEITEN** zu unserer Reportage über den Ortolan hat er es immer wieder spannend gemacht.

bereits bei unseren ersten Treffen aufgefallen. Ich wusste also, dass ich sie mit so einem Thema nicht lange überzeugen musste. Ich war absoluter Filmemacher-Anfänger und Antonia erklärte mir, es sei für einen Film wichtig, diesen kleinen Vogel – den ja so schon kaum jemand kennt in Deutschland – nahbar zu machen, indem man ihm eine Person zur Seite stellt, die für ihn sprechen könnte.
Da wir gute Kontakte zum Norddeutschen Rundfunk pflegten, planten wir, den Film dort anzubieten – zumal im Wendland, das im Sendegebiet liegt, die größere der letzten deutschen Ortolan-Populationen liegt. Ich brauchte also einen Protagonisten oder besser noch eine Protagonistin, denn es war mir bereits damals schon enorm wichtig, wann immer es möglich war, Frauen Männern als zentrale Figuren eines Films vorzuziehen. Die Biologie- und Ornithologie-Szene ist enorm männerdominiert – das merkte ich spätestens bei meiner Suche nach einer Ortolan-Expertin. Ich stolperte dann aber ziemlich bald über einen taz-Artikel über den Ortolan, in dem auch Petra Bernardy zu Wort kam. Petra Bernardy arbeitet seit langem als Biologin im Wendland und hatte zu diesem Zeitpunkt auch schon viele Veröffentlichungen in Fachzeitschriften zum Ortolan gemacht, die in der Ornithologischen Community wahrgenommen wurden. Petra Bernardy „betreut" gewissermaßen die wendländische Ortolan-Population, zählt ihre Rückkehrer, beringt und besendert sie zu Forschungszwecken und entwickelt Schutzprogramme zusammen mit den ortsansässigen Landwirten.

Landwirtschaftliche Betriebe, auf deren Land Streifen ihrer konventionell bewirtschafteten Äcker „ortolangerecht" bepflanzt werden, werden dafür finanziell entschädigt – ähnlich wie die inzwischen bekannteren Blühstreifen für Wildbienen und Co. Nach einem ersten Anruf bei ihr wusste ich: Petra Bernardy kennt den Ortolan wie kaum eine andere. Ich bin froh, dass ich sie damals für die Reportage gewinnen konnte. Ein Jahr lang begleiteten wir die Reise der Ortolane. Die ersten Drehtage verbrachten wir im Wendland im Nordwesten Niedersachsens und drehten Petra bei ihrer Arbeit und ihrem Einsatz für die seltenen Singvögel. Ich erinnere mich an einen Morgen im Mai, an dem die Nebelschwaden über die Felder zogen und wir am Waldrand warteten, ob überhaupt ein Ortolan irgendwo zu hören war. Wir hatten uns im Dunkeln auf einem Waldweg getroffen, es lag eine besondere Spannung in der Luft. Wie viele Vögel würden wohl dieses Jahr zurückkommen? Ich war doppelt aufgeregt, denn das war der erste Drehtag meines Lebens. Für meinen ersten Film zusammen mit Antonia.

Ich werde diesen Morgen nicht vergessen, den Geruch der feuchten Felder im Frühsommer, die Wärme der aufgehenden Sonne, die langsam in unsere aufgeregten Gesichter schien und die Nebelschwaden vertrieb.

Ich erinnere mich an einen Dachs, der im Morgengrauen meinen Weg am Feldrand kreuzte. Ich glaube, das war der erste und letzte Dachs, den ich je lebend in der Natur sah.

In jenem Moment liebte ich meinen Job. Und ich liebte mein Leben, wie ich es immer liebe, wenn ich früh morgens draußen bin und mit den Vögeln zusammen aufstehe. Das ist einfach unvergleichlich. Aus diesen Momenten schöpfe ich eine unglaubliche Kraft.

Ich bin froh, dass ich weiß, wie glücklich mich das macht und dass ich immer darauf zurückgreifen kann. Wenn mir alles zuviel wird, wenn ich nicht gut gelaunt bin, wenn mich Dinge belasten, ich dann aber morgens

an einem Ort in der Natur und von Vögeln umgeben, dann weichen alle negativen Gefühle einer wohligen Wärme. Ein Tag, der mit einem Sonnenaufgang und Vogelgesang beginnt, ist ein guter Tag.
Petra hatte am Vorabend auf einigen Äckern Netze aufgestellt mit dem Ziel, möglichst viele Ortolane zu fangen, zu untersuchen und zu beringen. Und dann natürlich schnell wieder freizulassen. Wir fingen tatsächlich einen Vogel in einem der aufgespannten Netze; unter denen ein CD-Player wieder und wieder den Gesang des Ortolans abspielte. Die Männchen sind, wenn sie ihre Reviere im Frühling besetzen, sehr territorial. Sie wagten sich nah an den CD-Player heran, wahrscheinlich innerlich total aggro und bereit, einen Rivalen zu vertreiben – und gingen ins Netz. Vorsichtig und erfahren nahm Petra einen der Vögel in ihre Hände; seine dünnen Beinchen hatten sich im feinen Netzgarn verfangen. Petra befreite den Vogel, wog ihn, vermaß ihn und versah ihn mit einem Ring mit einer Zahlenkombination der Vogelwarte Helgoland.
Die Beringung von Vögeln hat rein wissenschaftliche Zwecke: Jeder beringte Vogel kann anhand des Rings, so etwas wie ein Pass, wiedererkannt werden. Entweder mit dem Fernglas oder wenn er wieder einmal ins Netz geht. Oder wenn ein Franzose irgendwo am Fuße der Pyrenäen den Ring nach dem Dinné ausspuckt, während er sich die Serviette vom Kopf zieht.

An jenem Morgen im Wendland war ich plötzlich voller Ehrfurcht. Einem kleinen Zugvogel, der gerade tausende Kilometer hinter sich gebracht und die größte Wüste der Welt überquert hatte, jetzt zurück an seinem Geburtsort so nah sein zu dürfen, erfüllte mich mit Dankbarkeit.

Ich konnte mir das wunderschöne Farbspiel des Gefieders der Vögel genau anschauen: braunrote Töne auf Flügel und Unterseite, übergehend in den olivgrünen Kopf und den für Ammern typischen Bartstreif, der sich gelb vom Rest des Gefieders abhob. Vögel sind auch aus der Ferne schön, aber aus der Nähe betrachtet, verschlägt ihre Schönheit einem manchmal fast den Atem. Mir jedenfalls.
In den Jahren zuvor hatte Petra einigen Ortolanen kleine Peilsender angeheftet, um noch genauere Daten über ihre beschwerliche Reise in den Süden zu bekommen. Auch wollte die Ornithologin gern wissen, ob sich die Umstände in den Überwinterungsgebieten eventuell verändert hatten und sich das Abnehmen der Bestände so erklären ließe. Zu Hause am Computer zeigte sie uns die ausgewerteten Daten. Ich war beeindruckt, wie genau sich die Zugrouten der Vögel nun nachvollziehen ließen. Auffällig war, dass die deutschen Ortolane sich im Südwesten Frankreichs länger aufhielten, um zu rasten und sich auf den schwersten Abschnitt der Reise vorzubereiten. Die Vermutung, dass die Gascogne, wo am meisten gewildert wird, ein Rastgebiet der Ortolane sei, konnte nun mit Daten belegt werden.

Für unseren Film flogen wir im Herbst gemeinsam mit Petra Bernardy nach Bordeaux. Wir wollten einen Einsatz von Vogelschützern begleiten, die Jahr für Jahr gegen die Wilderei vorgehen – nicht nur in Frankreich, sondern auch auf Malta, im Libanon und in anderen Ländern, die immer noch Hotspots der illegalen Zugvogeljagd sind. Die Arbeit des Komitees gegen den Vogelmord ist von unschätzbarem Wert. Außerdem hatten wir es geschafft, in der Region Landes tatsächlich ein Treffen mit einem Spitzenkoch zu organisieren, der bereit war, mit uns vor der Kamera über die Wilderei und die Zubereitung des Ortolans zu sprechen. Natürlich war ich wieder mal enorm aufgeregt – aber das ist man immer, wenn man auf Drehreise geht und das gehört auch einfach dazu, wenn man Filme macht.
In der Nähe der Stadt Dax hatten Antonia und ich für die Zeit der Produktion ein Haus

NUR ZU WISSENSCHAFTLICHEN Zwecken dürfen Vögel gefangen werden. Nachdem die Ortolane beringt worden sind, wurden sie wieder freigelassen. Anhand der Ringnummer kann man sie nun wiederentdecken und ihre Reise nachvollziehen.

AN EINEM WALDRAND fanden wir tatsächlich eine aktive Ortolan-Fangstelle. **DIE FALLEN** waren mit Getreide gespickt. **LOCKVÖGEL** in Käfigen sollten Artgenossen zum Landen bewegen. **UNSER TEAM** dort aus Aktivisten, Biologinnen und Filmleuten.

gemietet. Es war wunderschön, mitten im Pinienwald und gleichzeitig nicht weit weg vom Atlantik. Für eine Woche zogen wir alle dort ein – die Tatsache, dass in dieser Region unsere geliebten Ortolane gefangen und getötet werden sollten, konnte man bei der Schönheit Frankreichs tatsächlich ausblenden. Aber die Realität sollte uns noch früh genug zurück auf den Boden der Tatsachen holen. Ich erinnere mich, dass ich das Zimmer im ausgebauten Dachboden beziehen musste – in dem es nachts kratzte und knackte. So sehr ich Vogel auch liebe: Mäuse, Marder und andere Säugetiere brauche ich nicht unbedingt in meinem Schlafzimmer. Ich hatte als Kind richtige Angst vor Mäusen, ich erinnere mich, wie sie bei meiner Oma über dem Schlafzimmer die Dachschräge herunterpurzelten und wieder hochkrabbelten. Mit den Jahren besserte sich unser Verhältnis, ich mag sie inzwischen – aber wir brauchen immer etwas länger, um warm zu werden. Zu meiner Freude waren es Fledermäuse, mit denen ich mir den Dachstuhl teilte – und in deren Gesellschaft ich gut einschlafen konnte.

Am nächsten Tag trafen wir Willi Schuppert, einen Vogelschützer aus der Pfalz, der schon an vielen Einsätzen gegen die Wilderei in Frankreich teilgenommen hatte – und von französischen Wilderern auch schon oft vermöbelt worden war. Dass deutsche Umweltschützer und Umweltschützerinnen in diese sehr ländliche Region kommen, um den Franzosen ihre Tradition streitig zu machen, findet man dort alles andere als lustig. Willi erzählte uns von diversen Begegnungen mit französischen Wilderern, die für ihn oft im Krankenhaus endeten. Petra bekam einerseits Angst – doch andererseits wuchs ihre Motivation, die Vögel zu retten. Auch Axel Hirschfeld vom Komitee gegen den Vogelmord war mit von der Partie.
Willi und Petra flogen mit einem Kleinflugzeug über die Region und dokumentierten verdächtige Orte in der Landschaft. Da die Wilderer meist Bauern sind, liegen die Fangplätze oft in einem Maisfeld und sind aus der Luft gut zu sehen. Petra und Willi entdeckten tatsächlich Fangplätze – was gut für unseren Film war, denn natürlich war es uns wichtig, diese völlige Absurdität zeigen zu können: In Deutschland teuer geschützt, in Frankreich teuer verspeist. Am nächsten Morgen machten wir uns noch im Schutz der Dunkelheit auf, den aus der Luft vermuteten Fangplatz aufzusuchen. Weil das Ganze nicht ungefährlich war, wie Willi und Axel am eigenen Leib erfahren mussten, war dieser Morgen tatsächlich von einer enormen Spannung geprägt. Der Einsatz war so wichtig – für die Ortolane und den Kampf gegen die Wilderei, und gleichzeitig auch für unseren Film. So beschlossen wir, dass ein kleines Team zur Fangstelle vordringen würde. Es wurde entschieden, dass ich nicht mitdurfte. Ich sollte nicht Teil dieses Teams sein – nicht dabei sein in diesem so wichtigen Moment? Ich kann mich noch gut an meine Enttäuschung erinnern. Mein erster Film, dieser Schlüsselmoment, und ich soll im Auto warten wie ein kleines Kind? Heute verstehe ich das, damals war ich ganz schön sauer. Antonia übernahm die Regie und ich blieb zähneknirschend im Auto auf irgendeinem Waldweg. Na, dann au revoir und bonne chance.

Letztlich war es die richtige Entscheidung. Es war mein erster Film, ich führte das erste Mal Regie und hätte den wichtigsten Moment des Films womöglich mit Bravour in den Sand gesetzt. So kommt es, dass ich die Szenen, die sich dann abspielten, nur aus meinem eigenen Film kenne: Den Moment, als das Team Ortolane als Lockvögel in kleinen Käfigen fand, die Fallen zu entdecken, all das kann ich leider nicht aus erster Hand beschreiben. Ich saß ja im Auto. Fakt ist: Der Fangplatz glich einem Hochsicherheitsgefängnis, doppelt abgesperrt mit Elektrozäunen. Am Boden scharfgestellte Fallen mit Getreide, um die Ortolane auf ihrer Rast anzulocken. An langen Stäben kleine Käfige, in denen aufgeregte Männchen pfeifend hin und her sprangen. Durch die Lockvögel sollten die Ortolane auf dem Zug zur Rast bewegt werden, um dann in die Falle zu gehen. Antonia, Axel, Petra und Willi machten Fotos, dokumentierten alles

und übergaben das Material am nächsten Tag der Polizei. In Frankreich ist die Wilderei illegal, dagegen vorgegangen wird aber nur, wenn Anzeige erstattet wird. Zu sehr ist sie in der lokalen Tradition verankert. Jeder kennt jeden und die Polizei auf dem Land drückt beide Augen zu. So kommen Jahr für Jahr tausende von Singvögeln – nicht nur Ortolane – durch illegalen Fang zu Tode.
Als die Gruppe zurück zum Auto kam, war ich nicht mehr verstimmt. Ich war nur noch froh, dass ihnen nichts passiert war und dass wir eine solche Situation für den Film einfangen konnten. Denn wir wollten ja eindrücklich zeigen, dass es die Wilderei tatsächlich gibt, – und dass sie ein lohnenswertes Geschäft ist, wenn man bedenkt, wie aufwändig der Fangplatz gesichert war.

Dass ein Spitzenkoch keinen Hehl daraus machen würde, dass er sich den Ortolan zurück auf die Speisekarte wünscht, war für uns verrückt genug und natürlich perfekt für unseren Film.

Wir trafen Sternekoch Jean Cousseau im Garten seines Restaurants Relais De La Poste in Magescq. Es war sehr heiß, ich schwitzte wahnsinnig, auch weil ich sehr aufgeregt war. Dass Antonia die Regie übernahm und das brisante Interview mit dem Koch führen würde, kam mir sehr gelegen. Was dann geschah, hatten wir so nicht erwartet. Der Koch erzählte sichtlich stolz von der Tradition, er zeigte uns alte Fallen und einen alten Käfig, in dem früher Ortolane gemästet worden seien. „Ich war zehn Jahre alt, als ich meinen ersten Ortolan probiert habe. Und dieses Erlebnis hat mein Interesse geweckt, Koch zu werden. Es war eine Offenbarung. Ich sagte: Dieses Gericht ist fantastisch."
Dann ging alles ganz schnell. Er hatte sich in Rage geredet, angefeuert von unserem mutmaßlichen Interesse an dieser Tradition. Er führte uns in ein Hinterzimmer seines Restaurants, das augenscheinlich sein Büro war, und holte aus der Küche einen toten Ortolan. Ich werde den Moment nicht vergessen, als er ihn auf einen kleinen Teller legte. Nur am Kopf waren noch Federn; klar zeichnete sich das hübsche, typische Gefieder ab. Man konnte noch sehr gut erkennen, um welche Vogelart es sich handelte, auch wenn der Rest des Körpers bereits gerupft war. Cousseau zeigte auf den angeschwollenen, gelben Körper des toten Ortolans, es war kein Muskel zu erkennen, sondern der Vogel sah aus wie ein riesiges Stück Butter. „Das hier ist das Fett", sagte Cousseau. „Diese Art ist die Einzige, die sich selbst mästet."
Dann nahm er ihn in die Hand, rupfte ihm auch noch die letzten verbliebenen Federn aus dem Gesicht und erzählte uns dabei, wie man ihn letztlich verspeist und dass ihn alle seine Gäste immer wieder drängten, den Vogel bitte wieder auf die Speisekarte zu nehmen, das aber leider verboten sei.

Mir war heiß. Mir war schlecht. Und ich war wütend. Mit rotem Kopf ermahnte ich mich selbst, noch ein wenig durchzuhalten. Dieser Vogel war verloren, aber durch unseren Film konnten wir wenigstens ein wenig Aufmerksamkeit für das Thema schaffen.

Ich fand das alles so krass – da stiefelt dieser feine Koch daher, erzählt davon, dass es das Gericht bei ihm nicht mehr im Restaurant gebe, aber nach fünf Minuten hat er einen fertigen Ortolan parat und zeigt ihn uns?
Das Bild des toten Ortolans auf dem Schreibtisch des Kochs hat sich für immer in mein Gehirn gebrannt. Wie kann man so etwas essen? Wie kann man überhaupt so verrohen, dass man ein wildes Tier fängt, mästet und dann tötet – eine Vogelart, die bei uns in vielen Regionen ausgestorben ist? Für uns alle, auch für Petra, war das Ganze ein Schock. Aber auch

ZUM VERHÄNGNIS wird dem Ortolan die Gabe, sich Fettreserven für den langen Flug ins Winterquartier anzulegen. Er mästet sich gewissermaßen selbst – in Frankreich eine Delikatesse. Ertränkt mit Armagnac, wird er als edles Dessert serviert.

ZUSAMMEN mit der Biologin Petra Bernardy reisten Philipp und Antonia nach Südwestfrankreich, um die Geschichte des Ortolans in Form einer Fernseh-Reportage zu erzählen.

Motivation, unsere Arbeit weiterzumachen. Antonia und ich durch unsere Filme, Petra durch ihre Arbeit als Biologin. Heute wissen wir, dass das Jahr 2016 das letzte Jahr war, in dem das Komitee gegen den Vogelmord einen Ortolan-Einsatz in Frankreich durchführen musste. Durch die jahrelange Arbeit vor Ort, die vielen Anzeigen und vielleicht auch durch das langsame Aussterben der alten Jäger und Bauern, die mit der schrecklichen Tradition aufgewachsen waren, ist der Ortolanfang enorm zurückgegangen. Das Komitee gegen den Vogelmord hat weiterhin einen Blick auf die Region, aber fest steht: Dass keine Ortolane in großen Mengen mehr in Südwestfrankreich gefangen und gemästet werden, ist der Verdienst der unermüdlichen Arbeit von Vogelschützern wie Willi Schuppert, Axel Hirschfeld und Wissenschaftlerinnen wie Petra Bernardy und allen Ehrenamtlichen, die Jahr für Jahr in den Vogelschutzcamps ihre Gesundheit riskieren, weil sie Vögel lieben. Was für ein Erfolg für den Artenschutz.

Was für eine gute Nachricht in Zeiten, in denen Umweltschützer selten etwas zu feiern haben. Ich bin dankbar, mit diesem wunderbaren Team in Frankreich zusammengearbeitet zu haben. Diese heißen Wochen im September 2016 werde ich niemals vergessen.

Denn die meisten Vogelarten der sogenannten Offenlandschaft, wie auch der Ortolan, haben es in den vergangenen Jahrzehnten bei uns in Mitteleuropa alles andere als leicht gehabt. Wenn alle vom Rückgang der Vögel reden, dann sind selten Amsel, Buchfink oder Kohlmeise gemeint, sondern eben jene Arten, die sich einst auf unsere Kulturlandschaft spezialisiert haben. Ihre Bestände sind derart stark eingebrochen, dass viele Arten heute am Rand des Aussterbens stehen oder in manchen Regionen bereits nicht mehr vorkommen. Dieses Aussterben geschah still – und es ging schnell. Über Jahrhunderte aufgebaute Brutvogel-Populationen sind, durch den Menschen, innerhalb weniger Jahrzehnte vernichtet worden.

Es gab auch schlicht kein Gift, keinen chemischen Dünger. Die Erträge waren entsprechend kleiner, aber sie mussten oft auch meist nur eine Familie und einen habgierigen Lehnsherrn bedienen und keinen völlig wildgewordenen Weltmarkt. Es wurde kein Billigfutter für Schweine produziert, die dann zerlegt nach China exportiert wurden, es wurden keine tausende Hektar Mais angebaut, nur um ihn in der Biogasanlage zu verheizen. Natürlich haben sich die Erträge, bleiben wir mal beim Getreide, in dem Zeitraum seit den 1950er Jahren verdoppelt. Wer aber unmittelbar darunter leidet, ist die Natur, sind die Vögel, die sich über Jahrhunderte an ein Leben mit der Landwirtschaft angepasst hatten, die ihre Nester zwischen zwei Äckern am Boden bauten, geschützt von einer Hecke, oder die auf Feldwegen ein Sandbad nahmen und genug Insekten an blühenden Ackerrändern zur Jungenaufzucht fanden.

Noch vor nicht allzu langer Zeit waren Äcker bei uns im Schnitt ca. 1.000 Quadratmeter groß und Kartoffeln, Weizen, Gerste und Zuckerrüben wechselten sich ab – getrennt von Hecken und unbewirtschafteten Säumen, die voller Gräser und Wildblumen standen. Idealer Lebensraum für Insekten aller Art: der Lebensgrundlage für fast alle Vögel, während sie ihre Jungen aufziehen. Durch die Flurbereinigung mit dem Ziel, mehr Fläche für höhere Erträge zu schaffen, verschwanden diese kleinen Paradiese – und mit ihnen auch Felder, die 1.000 qm groß sind. Heute sind Äcker mit einer Million Quadratmetern Größe in einigen Regionen keine Seltenheit. Kein Insekt lebt dort, kein Korn fällt ab.

Diese strukturelle Veränderung in der Landwirtschaft ging so schnell vonstatten, dass Arten wie Braunkehlchen, Rebhuhn und Ortolan keine Chance hatten, sich anzupassen. Sie sterben schlicht aus, sie reproduzieren sich nicht weiter. Es ist still geworden in der Offenlandschaft.

Wenn wir also davon sprechen, dass die Bestände vieler Vögel abnehmen, so trifft das zwar auf manche Arten stärker zu als auf andere. Und dennoch gibt es eine Zahl, die uns alle wachrütteln sollte: Heute leben 600 Millionen Vögel weniger in Europa als noch 1980. Dabei gilt: Es trifft die Spezialisten mehr als die Generalisten. Arten wie Haussperling oder Star, deren Populationen zwar ebenfalls abnehmen, haben sich in puncto Nahrung oder Brutplatz in der Evolution breiter aufgestellt und können sich bis zu einem bestimmten Maß anpassen.

Der Ortolan ist so ein Spezialist, der hohe Ansprüche an seinen Lebensraum, die damit verbundene Nahrung und den Nistplatz hat. Zu seinem Pech ist er auch noch ein Zugvogel, was die Gefahren und Herausforderungen immens erhöht. Von der langjährigen Wilderei in Frankreich gar nicht erst zu sprechen. Man muss nicht gut in Mathe sein, um zu verstehen, dass es der Ortolan besonders schwer hat. Er baut sein Nest am Boden, das mag wie eine schwierige Ausgangsposition erscheinen, hat sich aber in der Evolution als sinnvoll erwiesen. Es gab früher weniger Prädatoren wie Waschbären und Co. und zwischen den Äckern und Feldern immer genügend sichere Orte zur Jungenaufzucht. Anders als zum Beispiel die Feldlerche braucht der Ortolan hohe Singwarten, am liebsten alte Eichen, in deren frischem Grün im Mai er auch perfekt getarnt und kaum zu entdecken ist. Also reichen dem Vogel nicht ein paar ungespritzte Äcker und Wiesen, sondern an deren Rändern müssen alte, hohe Bäume stehen. Solche Strukturen gibt es kaum noch. Der Bestand ist inzwischen so stark dezimiert worden, dass sich die Ausbreitung in ehemals besiedelte Gebiete generell schwer gestaltet.

Was mich daran besonders bewegt: Der Ortolan war früher nicht selten. Er muss sogar so allgegenwärtig gewesen sein, dass sein Gesang einst zur typischen Geräuschkulisse unserer Kulturlandschaft gehört haben muss.

IN DER KULTUR: Auf alle Fälle ist das Lied des Ortolans Ludwig van Beethoven im Ohr geblieben, als er regelmäßig, so stelle ich es mir vor, vor den Toren seiner Heimatstadt Bonn lustwandelte. Das berühmte „Tatata-taa - tatatataa“ am Anfang seiner Symphonie Nr. 5 kennt noch heute fast jedes Kind.

Es gibt einige Quellen, die sagen, er habe sich eher an der Goldammer orientiert – das hängt meiner Meinung nach aber eher damit zusammen, dass die Goldammer weitaus bekannter ist. Und wer einmal einen Ortolan hat singen hören, erkennt die Ähnlichkeiten und Parallelen zur Symphonie sofort. Aus Beethovens Heimat und den meisten westdeutschen Bundesländern ist der Ortolan inzwischen komplett verschwunden. Letzter Nachweis in Nordrhein-Westfalen war 2006. Seitdem ist sein Gesang auch dort verstummt.

Dieses langsame, leise Verschwinden ist menschengemacht. Daher sind wir es, die das Artensterben bremsen müssen. Wenn wir die letzten Bestände der Vogelarten in der Offenlandschaft schützen wollen, müssen wir zurück zu einer kleinteiligeren Landwirtschaft. Mehr ökologischer Landbau steigert nachweislich die Artenvielfalt auf den Flächen. Weniger Einsatz von Gift und ein gezielterer Einsatz von Dünger können dazu führen, dass neue Lebensräume entstehen. Letztlich werden davon nicht nur Ortolan, Wachtel und Neuntöter profitieren, sondern auch wir Menschen. Denn in einer Landschaft voller Wildbienensummen, Grillenzirpen und Vogelgesang lebt es sich viel besser und gesünder als in den Agrarwüsten, an deren Stille wir uns schon längst gewöhnt haben. Ich habe großes Glück, dass ich heute in einer Region lebe, in der es noch Ortolane gibt. Jahr für Jahr warte ich auf Ihre Rückkehr und hoffe, dass sie wieder in den alten Eichen landen. Wenn sie dann Ende April aus ihren Brutgebieten zurückkommen, so wie die Vögel, die wir damals im Wendland filmten, bin ich jedes Mal bewegt und glücklich. Hinter unserem Grundstück stehen alte Eichen, dann beginnt ein Acker. Dann kommen wieder ein paar Eichen. Der Ortolan liebt diese Landschaftsstruktur.

RIESIGE FELDER OHNE HECKEN UND STRUKTUREN SIND KEINE LEBENSRÄUME MEHR.

JAHRHUNDERTE LANG gab es ausreichend Wiesen mit Blühpflanzen und Insekten, daneben ein Weizenfeld, dann vielleicht eine alte Streuobstwiese. Alles war getrennt von Mauern und Hecken, alte Eichen wurden als Grenzbäume gepflanzt. „Strukturreich“ nennt man das.

DURCH DEN FILM und meinen Umzug aufs Land habe ich über die Jahre eine so enge Beziehung zu ihm aufbauen können wie wohl zu keiner anderen Vogelart. Der Ortolan ist mein Freund geworden; Antonia und ich nennen ihn seit unserem Film liebevoll „Orti". Der Orti wird für immer einen festen Platz in meinem Herzen haben.

HAT ER EINE ZUKUNFT?

Wie lange er bei mir noch singen wird, weiß ich nicht. Aus vielen Nachbardörfern und der umliegenden Feldflur ist er verschwunden, erzählen mir die Älteren im Ort. Getreide mag der Ortolan am liebsten. Doch ist z.B. die Anbaufläche von Weizen bei uns viel geringer geworden. Es wird darauf ankommen, was auf den Feldern angebaut werden wird. In großen Monokulturen ist er verloren.

Kein Platz für den Spatz?

LOSLEGEN

Helfen ja, aber wie? Oft nehmen wir an, dass wir gegen Politik, die Stadt oder aber die Lobby machtlos sind. Aber das stimmt nicht. Antonia und Philipp haben gelernt, dass es auch anders geht. Wenn man für eine gute Idee kämpft, kann man auch etwas ändern und andere Menschen mitreißen. Sogar finanzielle Unterstützung gibt es. Aber zuerst: Hintern hoch, Zeit investieren und eine Idee entwickeln! Genauso lief es beim Spatz.

ANTONIA

Meine erste bewusste Begegnung mit den kleinen Sperlingen hatte ich in Paris. Als ich mit meinem Freund Franky von der Elfenbeinküste in der Stadt der Liebe zu Besuch war, ich war vielleicht 16 Jahre alt, beobachtete ich mit Erstaunen, wie eine emsige Gruppe von Vögeln durch die „Les Halles de Paris", die Pariser Markthallen, in die Filiale eines Kentucky Fried Chickens, wo wir gerade saßen, flogen. Ein besonders frecher pickte schnell eine Pommes vom Tisch und setzte sich mit der Beute gemütlich oberhalb der Tische hin. Es tschilpte und flötete von überall her. Die Markthalle war voll mit lauten Menschen und noch lauteren kleinen Vögeln. Aber genau das machte den Charme dieser Stadt aus. Sie war bunt, gewachsen, alt, jung, laut und lebendig. Ich war nicht wegen der Vögel bei den „Hallen", sondern wegen der neuesten Nike-Schuhe und ein paar Hip-Hop CDs. Doch dieser Moment war die erste bewusste Begegnung mit Spatzen. In Paris, und damals auch noch in meiner Heimatstadt Köln, saßen die kleinen Vögel in Nischen in den Fassaden und tschilpten unter den Balkonen der innerstädtischen Altbauten hervor. Die Spatzen schwangen sich über unsere Köpfe, wenn wir im Café saßen und beobachteten uns – so wie wir sie beobachteten, mit wachsamen Augen.

Nur 25 Jahre später gibt es wenige Spatzen in Paris und Köln. Das Gleiche gilt für London, Hamburg und München. Ich frage mich oft, ob den Stadtbewohnern aufgefallen ist, wie ruhig es auf einmal geworden ist in ihren Straßen? Dass da nichts mehr herumfliegt oder auf dem Boden herumhüpft?
Die Hausspatzen sind über Jahrhunderte so selbstverständlich in unserer Nähe gewesen, dass wir ihr drohendes Verschwinden beinahe gar nicht bemerkt haben. Inzwischen steht der Haussperling auf der Vorwarnstufe der Roten Liste der bedrohten Tierarten in Deutschland. Der einstige Allerweltsvogel, lange Zeit in der Landwirtschaft zu Unrecht verhasst und bejagt, verschwindet langsam und heimlich. Sprichworte wie „Mit Kanonen auf Spatzen schießen" zeugen von einer Zeit, in der die Vögel aktiv vergrämt wurden. Heute machen Bauboom, sanierte Stadtviertel und fehlende Begrünung ihnen von ganz allein den Garaus.
Weltweit gehen die Bestände vieler Vogelarten rapide zurück. Globalisierung, Intensivierung der Landwirtschaft, Sanierung der Städte sind nur einige Gründe für das Artensterben vor unserer Haustür.

> Es gilt zu erkennen, welcher Schatz uns umgibt und welches Glück uns entgeht, wenn wir nicht richtig hinsehen bzw. hinhören.

Ein kleiner, erster Schritt, um das leise Verschwinden der Vögel aufzuhalten, ist erst einmal: sie zu entdecken. Und noch umgeben sie uns, noch ist es nicht totenstill – aber die Zeit drängt, es ist kurz vor zwölf.
In Berlin gibt es sie noch, die Spatzen. Sie sind sozusagen der heimliche Wappenvogel der Stadt. Sie sitzen in Jalousien, an Fenstern, schauen aus alten Hauswänden heraus, tschilpen im Chor in den Büschen auf den weiten Straßen oder warten vor den zahlreichen Cafés auf einen Leckerbissen.
Ich hatte die Spatzen vergessen, bis ich 2008 von Köln nach Berlin zog. Wie so viele junge Menschen war ich damals vor allem an einem interessiert: Dauerspaß. Es waren lange Nächte und Tage, an denen wir über Stunden rauchend im Café abhingen und über die vorangegangenen Nächte laberten. War ich damit fertig, blieb noch genug Zeit, die Spatzen zu beobachten.
Meine Freundin Nina und ich wohnten in einer schönen Wohnung im Prenzlauer Berg. Ein Altbau in einer der breiten, noch unsanierten Straßen im Viertel. Ich erinnere mich gerne an diesen magischen ersten Frühling in Berlin. Die Tage waren untermalt von Spatzenrufen und Mauerseglern am Himmel. Am Abend sang eine Amsel hoch oben auf dem gegenüberliegenden Haus, sodass ich sie aus

Unser geliebtes Donath auf der Schwedter Straße und eine Zeichnung von Antonias noch mehr geliebten Vater.

HAUSSPERLINGE suchen nicht nur die Nähe ihresgleichen, sondern oftmals auch die Nähe zu uns Menschen. So auch im **RESTAURANT DONATH** im Prenzlauer Berg, wo sie auf den Stühlen rumsaßen, bis sich ein Krümel Brot auftat.

BITTE BEI SANIERUNGEN IMMER AUF DIE TIERISCHEN MITBEWOHNER ACHTEN.

BÜSCHE IN BERLIN IM WINTER: Meistens werden sie zurückgeschnitten. Mit ihnen verschwindet auch der Lebensraum der Spatzen. Genauso und noch schlimmer sieht es mit den **NISTMÖGLICHKEITEN** der Höhlenbrüter aus, wenn ein Gebäude saniert wird.

meinem Fenster im vierten Stock gut beobachten konnte. Herrlich. Ein Freund, oder eher meine Affäre, sagte einmal: „Berlin liebt dich!" Und auch ich habe mich im Frühling 2008 in Berlin verliebt. So doll, dass ich elf Jahre geblieben bin.

In diesen elf Jahren lernte ich Spatzen immer besser kennen. Ich kannte die Spatzenhotspots an alten, mit Efeu bewachsenen Häusern; und die Stille dort nach jeder erfolgten Sanierung tat mir körperlich weh. Philipp und meine anderen Freundinnen und Freunde können von meinen wütenden Monologen erzählen, wenn ich wieder einen Ort entdeckte, der durch Sanierungsarbeiten oder das Entfernen der Hausbegrünung zu einem unbewohnbaren Ort für die Spatzenkolonien geworden war. Die Not war irgendwann so groß, dass man nicht mehr mit mir durch die Gegend laufen konnte, ohne mürrische Anmerkungen über die Notlage der Gebäudebrüter zu hören. Denn auch Berlin, das Spatzenparadies Deutschlands, wurde zusehends spatzenfeindlicher.

Das liegt vor allem an den folgenden Gründen: Spatzen sind Höhlenbrüter und leben als tierische Nachbarn mit uns unter einem Dach. Deshalb auch ihr lateinischer Name „Passer domesticus" – was so viel heißt wie „dem Haus zugehörig". Eine Nische in der Fassade, eine Mauerspalte, eine üppige Fassadenbegrünung oder Jalousiekästen genügen und das Spatzenpärchen baut sich ein kleines Nest. Hier legt das Weibchen dann vier bis fünf Eier. Eigentlich sind Spatzen also sehr anpassungsfähige Vögel.

In Köln und Paris wurde schon in den 80er und 90er Jahren großflächig saniert, dann Anfang der 2000er ging der Bau- und Sanierungsboom auch in Berlin los. Bis heute ignoriert die Baubranche Höhlenbrüter vollständig. Neubauten bieten Spatzen meist keine Nistmöglichkeiten. Architekten, Bauherren, die Stadt und auch die Bauarbeiter vor Ort sind sich der Nöte unserer tierischen Nachbarn nicht bewusst oder sie sind ihnen egal. Dabei sind die Höhlenbrüter unter Naturschutz gestellt und die Entfernung ihrer Nester bedarf eines Ersatzes in Form von Nistkästen. Aber niemand kontrolliert das.

2017 musste etwas passieren. Ich hatte ein einschneidendes Erlebnis. Ich fuhr mit dem Fahrrad über die Schwedter Straße an einem unserer Stammlokale, dem Donath, vorbei, als ich aus dem Augenwinkel sah, dass der vier Meter hohe Efeu an der Fassade „auf Stock" abgeschnitten worden war, sodass nur noch ein kurzer Strunk übrig war. Ich lief zu dem Besitzer in den Laden und fragte fassungslos, was passiert war. Er sagte, dass der Hausbesitzer den Efeu am frühen Morgen abgesägt hatte, aus Angst, er würde die Fassade beschädigen. Von einer auf die andere Minute hatte eine Spatzenkolonie von mindestens 50 Vögeln ihren Nist- und Lebensraum verloren. Ich brach in Tränen aus und der arme Restaurantbesitzer musste mich tröstend in den Arm nehmen. Er hatte auch keine andere Wahl.

Egal wie miserabel es mir ging. Den 50 Spatzen ging es bestimmt schlechter. Eine Spatzenkolonie kann nicht einfach so weiterziehen. Zum nächsten Haus mit genügend Nistplätzen oder einfach einen neuen großen Efeubusch finden. Dafür gibt es einfach zu wenig geeignete Plätze. Die Kolonie geht verloren und die einzelnen Spatzen sterben oft.

Da Vögel ständig eine höhere Körpertemperatur als Säugetiere aufrechterhalten müssen, nämlich 39 bis 42 Grad, verbrennen sie in der kälteren Jahreszeit viel Körperfett. Dadurch verlieren sie schnell an Gewicht und sind schnell sehr geschwächt. Eine kalte Nacht an einem ungeschützten Ort kann ihnen da manchmal zum Verhängnis werden. Sperlinge brauchen deshalb regelrechte Winternester, in die sie sich einkuscheln.

Wieder im Büro grübelten Philipp und ich, was man machen könnte, um den Spatzen in Berlin zu helfen. Eine Idee war es, Sticker zu entwickeln, die wir dann in der Stadt an grünen Oasen und Spatzenparadiesen anbringen könnten. „Mein Zuhause“ oder „Rettet unseren Spatz“ mit einem Vogelbild drauf. Aber wie würden wir das Schild befestigen und würden die Vorbeigehenden überhaupt verstehen, was wir sagen wollen?

Aber als ich dann meine Mutter zu Besuch aus Köln hatte, mit der ich eigentlich nur über Vögel rede, oder arme Schweine, Rinder, Hunde, Katzen, Elefanten, Wale usw., kamen wir wieder auf das Thema und Mama riet mir, mich bei Claudia Wegworth zu melden.

Ein kleiner Exkurs zu Claudia Wegworth und wie ich sie kennengelernt habe: Als ich mich, 2009 oder 2010, mal wieder tierisch über das Grünflächenamt Köln und die Stiftung „Kölner Grün“ aufgeregt hatte und mich wunderte, wo eigentlich der Kölner NABU oder der BUND waren und warum diese Naturschutzverbände nichts gegen die Zerstörung unseres Stadtwaldes oder die stümperhafte „Sanierung“ der städtischen Weiher taten, nahm mich Mama zu dem Treffen der regionalen NABU-Gruppe mit.

Es war ein unvergessliches Erlebnis. Wie da zehn alte Männer zusammen über den Mäusebussard redeten, nachdem einer 30 Minuten lang ein Referat gehalten hatte über das Federkleid von Alt- und Jungvogel. Die einzige andere Frau, die in dem kleinen Raum saß, war Claudia Wegworth. Auch sie folgte der ornithologischen Abhandlung des Kollegen mit gequältem Blick. Eine Abstimmung über den nächsten zu behandelnden Vogel sollte die Sitzung abschließen. Doch dann wurde 20 Minuten darüber geredet, wie in Zukunft abgestimmt werden sollte. Mama, Claudia und ich waren völlig fehl am Platz. Nicht ein Wort über Vogelschutz, Umwelt oder aber die Stadt Köln, wie wir gehofft hatten. Es war ein nettes Treffen von Rentnern, die gerne über die letzten noch fliegenden Vögel redeten.

Zurück zu Claudia, die mittlerweile als Vogelschutzexpertin auch in Berlin wohnte. Wir trafen uns also, wie meine Mutter es vorgeschlagen hatte, und quatschten. Ich erzählte ihr über die armen Spatzen und sie erzählte mir von den bevorstehenden Schulsanierungen in Berlin. 5,5 Milliarden Euro sollten in die sogenannte Schulbauoffensive des Berliner Senats fließen. Davon 1,5 Milliarden in die Sanierungen von alten Schulgebäuden. Claudia und mir war sofort klar, dass das eine Riesenchance für die Spatzenkolonien an den Schulgebäuden war.

Zwar sind die Fortpflanzungs- und Ruhestätten von Vögeln und Fledermäusen laut §44 Abs. 1 Nr. 1-3 Bundesnaturschutzgesetz (BNatSchG) geschützt und dürfen ohne Ausnahmegenehmigung weder entfernt noch zerstört werden.

> Aber unsere Erfahrung hatte gezeigt, dass auch bei städtischen Bauprojekten der Verpflichtung, noch vor Beginn der Baumaßnahme zu prüfen, ob sich im betroffenen Gebäude Fortpflanzungs- und Ruhestätten befinden, nicht nachgekommen wurde. Oftmals auch wissentlich.

Niemand kontrollierte die Bauherren wirklich. Kurzerhand gründeten wir vor diesem Hintergrund die *Berliner Spatzenretter*. Unser Ziel war es, so viele Schulen wie nur möglich in Berlin auf Spatzen und andere Gebäudebrüter zu untersuchen. Dann die entsprechenden Informationen aufbereitet an die zuständigen Bauleiter und die Stadt weiterzugeben. Ein notwendiges Monitoring durch eine fachkundige Person seitens des Bauherrn sollte vor Baubeginn initiiert werden.

Nebenher sollte das Thema der Koexistenz von Wildtieren, wie Spatzen und Mensch, in den entsprechenden Schulen und bei den Kindern auf die Tagesordnung kommen. Die Lehrerinnen und Lehrer, Schülerinnen und Schüler sollten selbst zu Spatzenpaten und -detektiven werden. Sie sollten die Sanierung

VIELE SPATZEN sterben auch bei der Kollision mit Fenstern. Diese müssen nicht einmal besonders groß sein. Wenn die Glasfläche gut geputzt ist und sich on top noch ein Baum in ihr spiegelt, dann rast auch ein erfahrener Spatz gerne mal dagegen. Die meisten Vögel überleben die Kollision nicht.

DIESE SPATZENRETTER-PLAKETTE haben wir der Alt-Schmargendorfer Grundschule in Berlin verliehen. Zusammen mit der 6. Klasse hatten Claudia und Antonia den Schulhof spatzenfreundlich bepflanzt und Nistkästen mit den Kindern gebaut. Eine super Spatzenretter-Schule.

ihrer Schule begleiten und sich um die heimische Tierwelt vor Ort kümmern. So würden sie die Spatzen in ihrer Schule schützen und das Wissen und Bewusstsein in die ganze Stadt hinaustragen.
Anfang 2018 hatten wir eine große Naturstiftung als Förderer gefunden und die Stadt Berlin für unser Vorhaben gewonnen. Claudia und ich konnten seitdem mehr als 150 Berliner Schulen screenen und so zahlreiche Spatzen schützen; Ersatznistkästen stellen und anbringen, Schulgärten naturnah bepflanzen und mit zahlreichen Kindern in die Naturbildung gehen. So helfen wir den Spatzen Berlins aktiv. Wir arbeiten jetzt im vierten Jahr als die *Berliner Spatzenretter* zusammen und können unsere Errungenschaften manchmal selbst nicht glauben.

Es zeigt sich bei unserer Arbeit für die Spatzen, dass es mehrere Gründe für ihre Notlage gibt. Neben Nistmöglichkeiten und dem Lebensraumverlust kommt hinzu, dass die Nahrung immer knapper wird. Pestizideinsatz, exotische statt heimische Pflanzen in Parks und Gärten und artenarmes Einheitsgrün haben auch einen Mangel an Insekten zur Folge. Diese brauchen die Spatzen aber unbedingt, um ihren Nachwuchs großzuziehen.
Erst erwachsene Tiere können auf einen vielfältigeren Speiseplan wie Sämereien umsteigen. Hier stehen sie stellvertretend für alle Vögel in Deutschland. Indem wir auf unseren Balkonen und Gärten heimische Blumen, Sträucher und Wildkräuter anpflanzen und vor allem auf Insektizide verzichten, können wir helfen.

Aber vor allem die Städte und Kommunen müssen umstellen und ihre Grünflächenpflege überdenken. Durch zum Teil radikale Praktiken in der „Pflege“ der Stadtbegrünung: Meist aus Geld- und Personalmangel wird öffentliches Grün oft großflächig „auf Stock“ gesetzt. Laut Naturschutzgesetz darf diese Maßnahme nicht in der Zeit vom 1. März bis zum 30. September ausgeführt werden. Leichtere Form- und Pflegeschnitte sind das ganze Jahr hindurch erlaubt.

Ganze Spatzenkolonien verlieren dann mit einem Schlag ihren geschützten Lebensraum, wie im Restaurant *Donath*. Die Stadt und auch der einzelne Mensch haben hier den Bezug zur Natur verloren, so scheint es.

IN DER KULTUR: Passenderweise verfasste die Band Simon and Garfunkel schon 1964 auf ihrem Album „Wednesday Morning, 3 AM“ einen Song namens „Sparrow“, der von Ignoranz, Ablehnung und Vorurteil gegen den kleinen Vogel handelt.
„Who will love a little Sparrow?
Will no one write her eulogy?
‚I will,‘ said the Earth
‚For all I've created returns unto me
From dust were ye made and dust ye shall be‘“.
Natürlich ist der „Sparrow“ hier auch als Symbol für jemanden in Not zu verstehen, der nach Liebe, Empathie und etwas zu essen fragt und von allen nur Ablehnung und Spott erfährt. Am Ende wird der Vogel von Mutter Erde aufgenommen, die alles, was sie erschafft hat, gleichermaßen liebt und keine Unterschiede zwischen noch so kleinen unauffälligen Lebewesen wie dem Spatz und dem großen schönen weißen Schwan macht. Auch nicht zwischen dunkler Hautfarbe oder heller, zwischen Tier, Baum oder Mensch, ob reich und arm. Der Song „Sparrow“ soll uns erinnern, dass alle Lebewesen auf dieser Erde Liebe und Achtung verdient haben.
Und ja, besonders der vertraute kleine Sperling müsste eigentlich die Sympathie des Menschen verdienen. Er kommt ursprünglich aus dem Mittleren Osten und früh erkannte der Vogel dann, dass er gut daran tut, nah am Menschen zu leben, weil dieser Futter anbaut. Und im Gefolge des Menschen und seinem Getreide eroberte der Sperling nach und nach den gesamten Globus. Damals wurde allgemein nur vom Sperling gesprochen. Dass es in unseren Breiten zwei Arten, nämlich Haus- und einen Feldsperling gibt, wurde formell erst 1713 anerkannt. Die Gattung, also die

nahen Verwandten unserer Spatzen, umfasst weltweit weitere 24 Arten. Da hatten sich die Spatzen längst schon in Europa und sogar jenseits des nördlichen Polarkreises ausgebreitet. Das Pferd half bei der Verbreitung, denn wo Pferde gefüttert wurden, fielen immer auch Körner für die Spatzen ab. Schnell war der Vogel überall, wo es menschliche Behausungen gab. Mitunter machten sich die Tiere zusammen mit dem Menschen auf ganz besondere Reisen. Denis Summer-Smith berichtet in seinem Klassiker „The Sparrows", wie 1919 an die 20 Haussperlinge die Falklandinseln besiedelten, indem sie auf dem Schiff mit Walfängern von Montevideo auf einer der Inseln segelten, von wo sie sich verbreiteten.

GEWÖHNLICH – VERGÄNGLICH

Heute ist der Spatz der weltweit am weitesten vorkommende wild lebende Kleinvogel. Für viele vielleicht nichts Besonderes mehr und alltäglich – aber manchmal sollte man dem Gewöhnlichen huldigen. Denn wie ich in Köln schmerzhaft erfahren musste: Nichts ist gegeben und alles vergänglich – auch unsere eigentlich sehr anspruchslosen und anpassungsfähigen Spatzen.

SEIT 2018 setzen sich Antonia und Claudia Wegworth, zusammen die *Berliner Spatzenretter*, für die Haussperlinge und andere Gebäudebrüter in Berlin ein. Naturbildung an Schulen und Kitas, der Einsatz für ein vogelfreundliches Schulgelände sowie politische Arbeit stehen im Vordergrund. Mittlerweile gibt es in Berlin 34 Spatzenretterschulen und bekannte Mitstreiter wie Friederike Kempter und Benno Fürmann.

DIE MIERENDORFF GRUNDSCHULE IST EINE VON 34 SPATZENRETTER-SCHULEN UND HAT DAS SCHULGELÄNDE „SPATZENSICHER“ GEMACHT.

VON WEGEN „DRECKSPATZ": Spatzen lieben das Wasserbad. Kein Wunder also, dass es in der Eifel eine Süßspeise gibt die den Namen „Wasserspatzen" trägt.

SANDBAD: Aber auch das Baden im Sand ist für die Sperlinge ein Spaß und hat auch einen wichtigen Hintergrund. Durch das Sandbad reinigen sie ihr Gefieder.

SELBST GUTES TUN

Philipps Altbaunester

Du kannst Spatzen helfen, dass sie in unseren Städten und Dörfern auch weiterhin Nischen und Höhlen zum Brüten finden. Das Wichtigste, noch bevor du Spatzen Nistkästen anbietest, ist: Sei stets wachsam, was in deiner Umgebung passiert. Wenn du Stellen in der Stadt kennst, an denen Spatzen brüten, habe diese Kolonien im Blick. Denn dann kannst du reagieren, wenn sich eine Sanierung ankündigt.

Dasselbe gilt für die Schlafplätze, die immer häufiger verschwinden. Typisch für Großstädte ist zum Beispiel, dass jahrelang Efeu und andere Fassadenbegrünung wachsen darf und dann plötzlich, von jetzt auf gleich, alles radikal abgesäbelt wird. Das ist nämlich für die Stadt- oder die Hausverwaltungen am billigsten. Für die Vögel ist das dramatisch! Auch da gilt: Schau dir deine Umgebung an und verbünde dich rechtzeitig mit anderen im Haus, die vielleicht auch Vögel lieben. Dass Efeu ab und zu geschnitten wird, ist nicht schlimm. Das ist sogar gut, denn so kann man erreichen, dass die Fassade grün bleibt und kein Kahlschlag erfolgt, wenn er zu hochgewachsen ist und jemand befürchtet, die Fassade nähme Schaden. Also, immer wieder ein bisschen stutzen. Den Spatzen zuliebe.

Wenn du selbst Eigentümer bist oder einen guten Draht zur Hausverwaltung hast, kannst du auch Nistkästen anbringen. Es gibt im Handel verschiedene Kästen, die Haussperlinge besonders gern annehmen. Aber auch klassische Meisenkästen werden von ihnen bezogen, wichtig ist nur, dass die an der Fassade hängen, das mögen sie viel lieber als in Bäumen. Natürlich muss die richtige Ausrichtung und ein geschützter Platz gefunden werden. Umweltverbände bieten dazu ausführliche Informationen an.

Wenn ihr vielleicht selbst ein Haus baut oder saniert, so wie Philipp in Brandenburg, bitte denkt immer auch an die Vögel. Mauersegler, Spatzen, aber auch Fledermäuse können zu euren Mitbewohnern werden. Wer die Möglichkeit hat, sollte hier unbedingt Verantwortung übernehmen. Bei Philipp haben die Spatzen in Ritzen unter dem Dachkasten gebrütet, dann musste das Haus saniert werden – so hat er für die Spatzen Kästen aufgehängt, die dann in die Fassade integriert wurden, sogar mit Verputz. Jetzt sieht es aus, als seien sie immer schon da gewesen und die Spatzen wohnen das ganze Jahr über in ihnen. Ein super Gefühl! Manche Firmen bieten inzwischen richtige Niststeine an, die man beim Hausbau direkt mit in den Wänden vermauern kann.

Kraniche machen glücklich

RAUS AUFS LAND

Es war Ende Oktober 2015, als Antonia und Philipp ihren ersten gemeinsamen Vogel-Ausflug planten. Das kleine Brandenburger Dorf Linum, eine gute Stunde nordwestlich von Berlin, ist berühmt für seine Kraniche. Tausende rasten auf dem Herbstzug auf den Feldern und fliegen abends im Sonnenuntergang zu ihren Schlafplätzen. Mit Philipps damaligem Freund und heutigen Mann Dieter und Antonias Tochter Luzi fuhren sie aus der Stadt hinaus aufs Land.

Auf den Feldern rund um Linum finden die Kraniche dank der vielen Maisfelder einen reich gedeckten Tisch. Bei der Ernte fällt immer eine ganze Menge auf den Boden; so ist Brandenburg bei den Kranichen, die Allesfresser sind, beliebt. Das Besondere in Linum ist, dass es zudem noch große Wasserflächen gibt, in denen die Kraniche schlafen können: Der Linumer Bruch ist ein Naturschutzgebiet, in dem auch andere seltene Arten wie die Beutelmeise, die Rohrweihe und verschiedene Rohrsänger-Arten ein Zuhause finden. Dort übernachten auf dem Durchzug zehntausende der größten Vögel Europas.
Kraniche schlafen am liebsten im knietiefen Wasser, dort fühlen sie sich sicher vor Fuchs und Wolf. Solche Wasserflächen sind auf der Zugroute von Skandinavien und Mitteleuropa nach Südosteuropa recht selten. Daher suchen die Vögel Jahr für Jahr altbewährte Rastplätze auf. Vor allem müssen diese Flächen auch absolut ungestört sein. Wenn sie bei uns rasten, haben viele von ihnen schon bis zu 2.000 km Flug hinter und noch weitere 1.500 bis 3.000 km vor sich – zusammen mit ihren erst wenige Monate alten Jungen.
Philipp und ich hatten uns einen gemütlichen Nachmittag ausgemalt, mit reichlich Zeit für die Beobachtung der Kraniche. Es kam anders. Denn leider hatten wir Freundinnen und Freunden von dem Ausflug erzählt und auf einmal waren wir von zehn Berliner Hipstern umgeben, die mit uns – übernächtigt und rauchend – über die Felder stampften, Bilder für Instagram machten und Hunger hatten. Die Kraniche waren ihnen zu weit weg, niemand hatte ein Fernglas mitgebracht. Philipp und ich begriffen bald, dass unsere Freundinnen und Freunde unseren geplanten Orni-Ausflug vermasseln würden.

Es war trotz alledem ein schöner Spaziergang und zusammen wanderten wir an Pferdekoppeln und an alten Wiesen vorbei. Für die Kraniche waren wir zu laut und obendrein mit einem bellenden Hund im Schlepptau unterwegs. Der Soziologe und Birder Robert Lynd schrieb schon Anfang des 20. Jahrhunderts den treffenden Satz: „Um Vögel zu sehen, muss man Teil der Stille werden". Auch ich lege allen, die Vögel bewusst beobachten wollen, nahe, sich mit maximal einem oder zwei anderen Personen aufzumachen. Am besten sehr früh am Morgen mit ein wenig Proviant und warmer Kleidung.

> Dann raus und Ohren und Augen aufmachen. Und wenn ich dann im Wald oder an der Küste oder sogar im Garten stehe und die Vögel singen um mich herum, spüre ich das Leben – das was ich sehe, aber auch das, was ich höre und fühle – in diesem Moment gibt es nichts anderes als das Hier und Jetzt. Dann bin ich glücklich.

Philipp tat später das einzig Richtige und löste sich von der Gruppe. Als er am frühen Abend zurück zum Feld ging, sah er die Kraniche dann auch. Zu hunderten flogen sie von den umliegenden Feldern in Richtung der Wasserflächen, um dort die Nacht zu verbringen. Dass dieses Naturschauspiel meistens im Sonnenuntergang stattfindet, macht solche Momente natürlich besonders magisch. Mittlerweile bleiben manche Kraniche während der Wintermonate hier in Deutschland. Das liegt vor allem daran, dass die Winter der letzten Jahre milder waren. Solange es keinen hohen Schnee gibt, genug Nahrung und keinen Dauerfrost, bei dem die flachen Schlafgewässer der Kraniche zufrieren, gibt es für die Vögel auch keinen Grund weiterzufliegen. Sie versuchen also in Deutschland zu überwintern anstatt in Frankreich, Spanien oder – wie einige wenige – in Nordafrika. Die letzten harten Winter in Berlin waren meiner Erinnerung nach 2009 und 2010. 2010 war die Hauptstadt sogar vom 30. Dezember bis zum 26. Februar, also 59 Tage, ununterbrochen vereist. Ich weiß noch, wie ich

Philipp hat schon früh mit der Vogelbeobachtung angefangen. Vor allem der Vogelzug hatte es ihm angetan.

„UM VÖGEL ZU SEHEN, MUSS MAN TEIL DER STILLE WERDEN.“ (ROBERT LYND)

WER KRANICHE am Himmel erkennen will, achte auf die Form. Diese V-Flugformation hilft den „Glücksvögeln“ Energie zu sparen. Der vorderste Vogel muss am meisten Energie aufbringen, daher wechseln sich die Vögel ab. **WICHTIGSTE ERKENNUNGSMERKMALE** sind die langen, schlanken Beine, die weit nach hinten ragen, und die trompetenden Rufe.

IN KNIETIEFEM WASSER fühlen sich die Kraniche sicher. Da es solche Plätze nicht häufig gibt, werden sie von den Vögeln auf ihrer Zugroute immer wieder aufgesucht.

mir den Arsch abgefroren habe, um 08:30 auf dem Weg zum Yoga bei -12 Grad. Seit 2011 aber wurde es jedes Jahr gefühlt wärmer in Berlin.

Philipp und ich sind das letzte Mal 2020 zusammen Kraniche gucken gegangen. Diesmal allein. Die Zeiten waren andere. Nicht mehr so unbeschwert. Die Pandemie war Teil unseres Alltags geworden und wir hatten uns davor bestimmt fünf Monate nicht mehr gesehen. Vor Aufregung hatte ich noch meinen Koffer am Alexanderplatz stehen gelassen, als ich in die Regionalbahn Richtung Süden gestiegen war. Zu abgelenkt war ich von den vielen Staren auf den Bahngleisen und musste Videos mit dem Handy machen. Nur Vögel und Männer können mich so ablenken. Ich stieg einfach in den Zug ein und fuhr los – ohne Koffer. Ich war heilfroh, dass mein Laptop in meiner Handtasche war. Der Koffer war weg. Am Alex geht das bekanntlich fix.

Auf Philipps Hof angekommen, habe ich dann eine Jogginghose und ein Sweatshirt bekommen und wir haben uns in den wunderschönen Garten gesetzt und Philipps Hühner beobachtet. Da war der verlorene Koffer schnell vergessen. Für den nächsten Tag hatte er schon einen Ausflug nach Wanninchen mit mir geplant, um Kraniche zu beobachten.

Der alte Braunkohle-Tagebau Wanninchen war von der „Heinz Sielmann Stiftung" gekauft worden und sollte sich nun ganz ohne menschliches Zutun oder Eingreifen wild entwickeln dürfen. Die Landschaft erschien mir surreal. Man fühlte sich wie auf dem Mars. Dünen, kleine Wälder und Seen wechselten sich ab. Nicht nur Kraniche, sondern auch Uferschwalben, Wolf, Wiedehopf und weitere seltene Arten hatten hier einen neuen Lebensraum auf den 3.000 Hektar der ehemaligen Bergbaufläche gefunden.

Unglaublich, was für einen Raubbau an der Natur der Mensch für Kohle betrieben hatte und andernorts noch immer betreibt. Umso bewegender ist es zu sehen, was sich entwickeln kann, wenn man solche Landschaften sich selbst überlässt.

GLÜCKSVÖGEL

Von weit her hörten wir die Kraniche, noch bevor wir sie am Abendhimmel entdeckt hatten. Das Trompeten der Tiere erfüllt mich immer mit Glück. Dann flogen sie in Formation über uns hinweg in Richtung ihrer Schlafgewässer. Die langen Hälse weit nach vorne gestreckt, die Flügel ausgebreitet.

SELBST LOSZIEHEN

Kraniche beobachten

Für Vogelbegeisterte ist der Kranich unter anderem deshalb ein so toller Vogel, weil er gut zu beobachten ist. Wenn sich im Herbst kleine oder größere Trupps auf unseren Feldern in Nord- und Ostdeutschland sammeln, fallen die großen, grauen Vögel sogar Menschen auf, die eigentlich kein besonderes Vogelauge haben. Wenn ihr sie beobachten wollt, beachtet bitte, dass Kraniche eine sehr große Fluchtdistanz haben. Das bedeutet, wenn ihr euch ihnen auf dem Feldweg nähert, fliegen diese bereits sehr früh weg. Meistens so früh, dass ihr noch viel zu weit weg seid, um sie zu beobachten. Bitte vermeidet das! Die Tiere befinden sich in einer Phase, in der sie ihre ganze Energie brauchen, um sich auf die Reise in den Süden zu machen oder um bei uns zu überwintern. Auch wenn sie bei uns bleiben, was immer häufiger vorkommt, kostet sie die Kälte enorm viel Energie.

Gegenüber Autos ist die Fluchtdistanz übrigens geringer, also lohnt es sich, manchmal langsam und vorsichtig rechts ran zu fahren und aus dem Auto zu beobachten. Erkundigt euch, wo in eurer Nähe Rastplätze sind, denn die sind meistens jedes Jahr dieselben. Das macht es für uns leichter, sie zu beobachten. An vielen Orten haben Naturschutzverbände oder Kommunen auch Beobachtungstürme aufgebaut, von denen aus man die Vögel beobachten kann, ohne sie zu stören. Naturschutzverbände oder andere Organisationen bieten übrigens auch oft zu den Zugzeiten Exkursionen an, die nicht viel kosten und total gut sind, weil man enorm viel über das Verhalten und die Vögel lernt. Danach kann man sich alleine auf die Pirsch machen. Die Zugzeiten reichen von September bis Anfang November, je nach Wetterlage auch noch etwas länger. Im Frühjahr ist es meistens nur der März, weil die Tiere dann mehr Gas geben, zurück in ihre Brutgebiete zu kommen, um die besten Brutplätze zu besetzen.

Kranich-Gebiete, die du dir merken solltest und die zur Zugzeit immer eine Reise wert sind: Auf dem Darß an der Ostsee, besonders entlang der südlichen Boddenküste, finden sich Jahr für Jahr tausende Kraniche auf den Feldern ein und übernachten nachts im Wasser stehend. In Brandenburg gibt es neben Linum noch den ehemaligen Braunkohletagebau Wanninchen, ungefähr eine gute Stunde südlich von Berlin, der heute Naturschutzgebiet ist und wo die Kraniche im Sonnenuntergang einfliegen, um im Wasser zu übernachten. Im Westen lohnt sich eine Reise in die Region um den See Dümmer im westlichen Niedersachsen, wo Philipp übrigens aufgewachsen ist und viele Vogelmomente erlebt hat. Das Ochsenmoor am Dümmer in der Nähe der Stadt Diepholz ist für Vogelbegeisterte das ganze Jahr über eine Reise wert.

Fernglas: Ein gutes Fernglas für die Vogelbeobachtung ist ein 10x40er also ein Glas mit 10-facher Vergrößerung. Das kann gut um den Hals getragen werden. Wenn euch das zu unhandlich ist, dann nehmt ein 8x22er. Eine sehr handliche Größe und für das Bestimmen von Vögelchen ausreichend. Auch wichtig: Höhere Vergrößerungen sind schwieriger ruhig zu halten. Die zweite Zahl gibt an, wie groß die vordere Linse des Glases ist und damit wieviel Licht ins Glas kommt. Das ist entscheidend bei Beobachtungen in der Dämmerung. Am besten, ihr probiert im Fachhandel verschiedene Gläser aus, für den Anfang braucht ihr kein High-End-Modell, aber eine Investition von wenigen hundert Euro macht sich bezahlt. Je besser die Bildqualität und die Lichtstärke und Farbechtheit, desto teurer auch das Glas.

Zuhause mit Schwalben

GROSSES GLÜCK

2016 kauften Philipp und sein Partner Dieter einen alten Hof im Süden Brandenburgs, eine Stunde von Berlin entfernt. Eigentlich waren sie auf der Suche nach einem Schrebergarten, etwas Kleinem fürs Wochenende. Mit dem Wunsch nach mehr Natur, mehr Platz und Weite ließen sie Berlin hinter sich und schauten sich an einem Tag im Juli jenen alten Hof an, der später ihr Zuhause werden sollte. Obwohl es Philipp erst absurd schien, mit Mitte 20 ein Haus zu kaufen.

PHILIPP

Ich erinnere mich genau an das Gefühl, das sich in meinem ganzen Körper ausbreitete, als ich das Grundstück betrat. Es war ein wahnsinnig heißer Tag Ende Juli. Ich hatte auch noch einen furchtbaren Kater, die Berliner Sommernächte waren an jenem Wochenende besonders kurz gewesen. Offenbar war die Nacht wirklich wild gewesen, denn ich weiß noch, dass Dieter das Auto fahren musste – dazu war ich noch nicht in der Lage. Und das ist davor und danach nie wieder vorgekommen. Ich fahre immer. Er hasst Autobahnen so sehr – und unser kleiner schwarzer Golf war zugegeben auch nicht mehr der Neueste. Nach einer Stunde Fahrt gen Süden und mehreren Litern Schweißperlen auf Dieters Stirn bogen wir also von der Landstraße ab und fuhren das erste Mal in das Dorf, das heute unser gemeinsames Zuhause ist.

Die Luft flimmerte über der Teerstraße, ein typischer Sommertag für die Niederlausitz, wie ich heute weiß. Es sollte der erste von vielen heißen, trockenen Sommern in Brandenburg für uns werden. Die Region ist eine der sonnenreichsten in Deutschland, die Sommer sind meistens heiß, das Klima insgesamt sehr kontinental geprägt. Das zeigt sich auch in Flora und Fauna.

Den Hof betritt man durch eine sogenannte Tordurchfahrt, die in den Innenhof führt und überdacht ist. Solche Höfe sind typisch für die Region; die alten Bauernhäuser sind nicht besonders hoch, oft gibt es nur ein Erdgeschoss und darüber bereits den Dachstuhl. Vorn, zur Straße hin, steht meist das alte Wohnhaus, nach hinten im jeweils rechten Winkel dann weitere Gebäude, Ställe und Scheunen, die das Ensemble zu einem sogenannten Vierseitenhof machen. Nicht zu vergleichen mit den imposanten Bauernhöfen, die ich aus meiner niedersächsischen Heimat kenne. Durch den geschützten Hof aber auch viel heimeliger, viel gemütlicher.

Wir duckten uns instinktiv, als wir das große, hellblaue Tor öffneten, von dem die alte DDR-Farbe bereits abblätterte. Über unseren Köpfen schossen Schwalben hinweg. Wenn sie am Nest landeten, hörte man ein typisches Gluckern, eine Mischung aus Plaudern und zärtlichem Gurren, ich kann es nicht anders beschreiben. Ganz klar, es waren Mehlschwalben – unverwechselbar wegen eines vergleichsweisen kurzen Schwanzes, der blauschwarzen Oberseite und dem strahlend weißen Bauch. Insgesamt wirken sie etwas kompakter als ihre Schwestern mit dem Gabelschwanz, die Rauchschwalben.

Als ich bemerkte, dass sie ihre Nester an jenem, heute unserem Hof hatten, ging mir das Herz auf. Die Floskel ist vielleicht abgedroschen, aber es passt einfach zu gut. Mir ging das Herz auf, wie es mir nur aufgeht, wenn ich instinktiv weiß: Dies ist ein guter Ort.

Heute weiß ich, warum dieser Ort ein guter Ort ist, aber damals waren für dieses erste, warme Gefühl ganz klar die Schwalben verantwortlich. Eigentlich war die Entscheidung, die unser Leben radikal verändern sollte, in dem Moment bereits gefallen: Hier möchte ich wohnen, ja alt werden! Und meine Güte, ich war damals 26 und – wie jeden Samstag – verkatert. Aber ich war mir sicher. Die Vögel haben mal wieder das Steuer in die Hand genommen und mein Leben in eine bestimmte Richtung gelenkt.

Meine Schwiegermutter hat einmal gesagt: „Schwalben kommen nur zu guten Menschen“. Ich denke, das ist etwas übertrieben, aber verbringt man etwas Zeit mit den Vögeln unter einem Dach, baut sich tatsächlich sehr schnell eine ganz besondere Beziehung auf. Fakt ist: Schwalben nisten gern an bewohnten Häusern – zumindest in der Nähe muss Leben sein. An einzeln stehenden Ruinen zum Beispiel sucht man die Vögel vergeblich. Jedenfalls spreche ich hier für unsere heimischen Schwalbenarten, die meist in Menschennähe

Heute weiß ich, warum das ein guter Ort ist, damals waren für dieses erste warme Gefühl die Schwalben verantwortlich.

EINE STUNDE SÜDLICH von Berlin, in der warmen und sonnigen Niederlausitz, kaufte und sanierte Philipp einen alten Hof in einem kleinen Anger-Dorf mit Störchen, Schwalben und Schleiereulen. Die Vogel-Vielfalt trug auch dazu bei, dass der Hof schnell zur neuen Heimat wurde.

RAUCHSCHWALBEN sind oben links unten links zu sehen. **MEHLSCHWALBEN** sind auf der rechten Seite abgebildet. **AUF DEN LEITUNGEN** sitzen beide Arten. Früher gehörten die zwei zum typischen Bild in den Dörfern und Städten in Deutschland. Seit Jahren gehen ihre Populationen zurück – langsam, aber stetig.

DAS ENTFERNEN VON VOGELNESTERN IST ÜBRIGENS STRENG VERBOTEN.

WENN DIE EIERSCHALEN unter den Nestern liegen, kann das nur eines bedeuten: Die kleinen Schwalben haben das Licht der Welt erblickt! Nach ungefähr zwei Wochen sind sie schon flügge – damit sie sich auf den Weg nach Afrika machen können.

brüten: Mehl- und Rauchschwalben. Eine weitere Art, die Rötelschwalbe, baut tatsächlich ihre Nester auch an verlassenen Gebäuden – ich habe dazu keine wissenschaftlichen Belege, aber meine eigenen Beobachtungen. Bei unseren Dreharbeiten in Albanien zum Beispiel waren stillgelegte Bahnhofsgebäude, alleinstehende Ställe oder auch ein Eisenbahntunnel beliebte Orte für die charakteristischen Nester der Rötelschwalbe. Sie baut ebenfalls geschlossene Nester wie die Mehlschwalbe, aber mit einer längeren Eingangsröhre. Rötelschwalben kommen allerdings nur südlich der Alpen vor, in Deutschland sind sie keine Brutvögel, allenfalls mal Irrgäste.

Die Eigenart von Mehl- und Rauchschwalben, nur belebte Höfe und Ställe zu beziehen, macht sie natürlich sehr sympathisch. Es wird ihnen aber auch zum Verhängnis, denn ehemalige Stallgebäude auf alten Gehöften stehen heute oft leer. Wie die gesamte Landwirtschaft ist die Viehhaltung bei uns industrialisiert worden. Allenfalls Hobby-Bauern bieten auf ihren Höfen noch Strukturen an, die die Schwalben früher in jedem Dorf vorfanden: hier ein Schweinestall mit Nistmöglichkeiten, da ein paar Pferde auf der Koppel, umgeben von Fliegen und anderen Insekten. Außerdem überall alte Feldwege, auf denen die Schwalben in Pfützen Lehm als Baumaterial für ihre Nester finden. Ställe mit tausenden Mastschweinen sind heute von der Außenwelt hermetisch abgeriegelt. Und die meisten Wege in kleinen Dörfern sind heute befestigt, asphaltiert und versiegelt. So auch bei uns auf dem Hof. Am Tag unserer ersten Besichtigung sah ich, wie zwei Rauchschwalben durch das kaputte Fenster im alten Schweinestall ein- und ausflogen. Drei, vier alte und leere Nester an den Wänden waren stille Zeugen davon, dass hier einmal viel mehr Schwalbenpaare gelebt haben mussten.

Rauchschwalben bauen ihre Nester in größeren Abständen zueinander, nicht Nest an Nest, aber durchaus gerne in Kolonien mit Artgenossen im selben Gebäude. Das Rauchschwalbenpaar, das seine Jungen in der Ecke des Stalls großzog, war das letzte Paar auf dem Hof. Der Grund lag auf der Hand: In dem alten Schweinestall wurde kein Vieh mehr gehalten. Und wo kein Vieh, da weniger Insekten. Jetzt wird die jahrtausendealte, enge Bindung von Schwalben an den Mensch und sein Vieh brüchig, weil sich unsere Welt zuungunsten der Insekten und Vögel ändert. Heute, sechs Jahre nach dem ersten Besuch, hat sich der Bestand von Mehl- und Rauchschwalben bei uns am Hof mehr als verdoppelt. Auch wenn wir kein Vieh halten außer ein paar Hühner, so habe ich zumindest die Nistplatz-Angebote verbessert – mit Erfolg. Darauf bin ich mächtig stolz. Ich habe erfahren, dass die ältere Dame, die vorher auf unserem Hof lebte, die Nester regelmäßig mit einem langen Stock von der Wand geschlagen hat, weil die Schwalben ja so einen Dreck machten. Wer selbst auf dem Land lebt, weiß: Das ist durchaus heute noch üblich.

Dass also überhaupt noch einige Paare bei uns brüteten, als wir den Hof übernahmen, war durchaus verwunderlich. Keine Insekten mehr, keine offenen Stellen zum Nistmaterial sammeln, und dann noch eine Oma, die die Nester herunterschlägt – dass man da überhaupt noch Sommer für Sommer nach Brandenburg zurückgekehrt ist, war schon bemerkenswert. Schwalben sind brutplatztreue Vögel. Sie kehren in die Region zurück, in der sie geboren wurden. Auch, wenn sich die Bedingungen verschlechtern. Dann sinkt jedoch die Reproduktionsrate – und es kehren weniger Vögel zurück, weil schlichtweg weniger das Erwachsenenalter erreichen.

Heute warte ich jedes Jahr im Frühling sehnsüchtig auf die Rückkehr der Schwalben. Die Stare kommen Ende Februar zu uns, der Rotmilan zieht in letzter Zeit auch Ende Januar manchmal schon seine Kreise über dem Hof. Im März kommt der Hausrotschwanz und hinter dem Garten beginnen die Feldlerchen zu singen. Anfang April besetzt der Weißstorch seinen Horst im Dorf. Seit wir den Dachboden ausgebaut haben, kann ich ihn besonders gut beobachten. Immer zum Geburtstag der jüngsten Tochter unserer Bürgermeisterin im Dorf, die gegenüber wohnt und die zum Glück ein Herz für Vögel hat. Die

WÄHREND MEHLSCHWALBEN IHRE NESTER AUSSEN AN GEBÄUDEN ANBRINGEN, BAUEN RAUCHSCHWALBEN IHRE NESTER V.A. IN GEBÄUDEN.

meisten neu gepflanzten Bäume der vergangenen Jahre gehen auf ihre Kappe. Das ganze Dorf freut sich, wenn der Storch zurück ist und fiebert mit, wie viele Junge es wohl schaffen werden. Mit der Rückkehr Anfang April ist er spät, da sind einige Störche im Westen schon seit mehr als einem Monat zurück. Das hat mit dem kontinentalen Klima zu tun; das Nahrungsangebot ist hier im Osten längst nicht so üppig wie im regenreichen Nordwesten zum Beispiel. Wenn der Storch dann endlich da ist, steigt meine Vorfreude. Denn dann kann es nicht mehr lange dauern bis zur Rückkehr der ersten Schwalben.

Wenn dann die erste Rauchschwalbe auf den alten Stromleitungen vor unserem Haus in der Sonne sitzt und singt, habe ich Jahr für Jahr Tränen in den Augen. Wie kann man nur einfach so dasitzen, so klein und fein und aus voller Kehle dieses Schwalbenlied singen, das immer auch ein wenig dreckig klingt, rau und heiser. Nach tausenden Kilometern mit diesen zarten Flügeln einfach wieder da landen, wo man geboren worden ist. Bei uns im Dorf, bei uns am Hof.

Wenn ich die erste Schwalbe da so sitzen sehe, das packe ich nicht. Frühling für Frühling ist das für mich eines der größten Wunder und einer der emotionalsten Momente des Jahres.

Unsere Schwalben überwintern südlich der Sahara, nicht wenige sogar in Südafrika. Ein Blick auf den Globus genügt, um zu verstehen, was die Reise für eine Meisterleistung ist. Ich glaube, dass genau dieses Fortziehen und Zurückkommen dazu geführt hat, dass mir die Schwalben so wichtig geworden sind, dass ich sie so sehr in mein Herz geschlossen habe. Inzwischen fühlt es sich so an, als wären sie wie Haustiere, ein Teil der Familie. Ich werde nie vergessen, wie im ersten Sommer, nachdem wir den Hof gekauft hatten, die Schwalben regelmäßig ins Bad geflogen kamen und sich auf der Stange des Duschvorhangs niederließen, während ich auf dem Klo saß. Ein Pärchen Rauchschwalben baute dann sogar sein Nest in der Ecke direkt über der Toilette. Wir waren anfangs nur an den Wochenenden auf dem Land und ließen das Fenster gekippt; die Rauchschwalben fanden es im Bad offenbar netter als im Stall, dessen Fenster ich für sie weit geöffnet hatte. Die Schwalben durften bleiben. Als der Umbau losging und das alte Bad rausgerissen werden sollte, sagte ich den Bauarbeitern Bescheid und sie ließen die Schwalben in Ruhe zu Ende brüten, bevor sie sich ans Werk machten.

Durch diese Momente habe ich zu den Rauchschwalben eine enge Bindung aufgebaut. Wie konnte ich auch nicht? Dass es Menschen gibt, die die Nester entfernen, in Ställen oder am Haus, wird mir immer unbegreiflich bleiben.

Rauchschwalben sind etwas weniger scheu als Mehlschwalben, so ist jedenfalls mein Eindruck bei uns am Hof. Vielleicht scheinen die Mehlschwalben mir auch scheuer, weil sie viel mehr Zeit in der Luft verbringen und somit weiter weg wirken. Sogar ihr zarter Gesang ertönt im Flug. Rauchschwalben hingegen lassen sich auch mal irgendwo nieder und verharren. Dann scheinen sie mich und das Treiben im Hof genau im Blick zu haben und sich auf ihre Art daran zu erfreuen. Besonders gern beobachte ich sie bei der Balz im Frühling. Dann sitzt das Männchen gern auf einer hohen Warte im Hof, zum Beispiel auf der Dachrinne, und singt sein Lied. Dann muss ich mich nicht vorsichtig nähern, denn die Schwalben scheinen zu verstehen, dass wir hier alle zusammen unter einem Dach wohnen. Ein tolles Gefühl. Dass von Jahr zu Jahr mehr Schwalben – beide Arten, aber mehr Mehl- als Rauchschwalben – bei uns brüten,

FRÜHER SAGTE MAN: WO SCHWALBEN NISTEN, WOHNT DAS GLÜCK.

NACHDEM DIE JUNGEN SCHWALBEN das Nest verlassen haben, werden sie noch einige Wochen von ihren Eltern versorgt. Bald schon geht es für sie auf die lange Reise ins afrikanische Winterquartier. Bis dahin müssen sie selbst gelernt haben, Fluginsekten zu jagen.

berührt mich umso mehr, weil ich weiß, dass die Schwalben in ihren Beständen überall abnehmen. Es war ein schleichender Prozess, kein radikaler Einbruch der Bestände. Aus vielen Dörfern sind die Schwalben inzwischen ganz verschwunden. Gleichzeitig weiß ich auch, dass ich meinen Teil zur wachsenden Population bei uns beitrage. Ich habe Nisthilfen angebracht, damit weniger Lehmnester in trockenen Sommern von der Wand stürzen. Sind die Jungen noch nackt und blind, haben sie keine Überlebenschance. Außerdem habe ich ein Schlammloch, eine Pfütze mitten im Hof angelegt, an der sich nicht nur unsere Schwalben, sondern wahrscheinlich alle Dorfschwalben bedienen. Manchmal sitzen bis zu 50 Mehl- und Rauchschwalben am Wasserloch und sammeln mit ihren Schnäbeln Lehm und Erde, transportieren alles ab und verbauen es mit ihrem Speichel zu festen Nestern. Waren es anfänglich drei besetzte Mehlschwalbennester in unserer Tordurchfahrt, so zählte ich vergangenen Sommer stolze 14 Nester.

DASS EIN ALTER HOF in Brandenburg so schnell zum neuen Zuhause werden würde, hätten Philipp und Dieter nicht gedacht.

Als wir also an jenem heißen Sommertag den Hof besichtigten, der heute unser Zuhause ist, und ich als erstes die Schwalben wahrnahm, stellte ich wieder einmal fest, dass ich eine besondere Gabe besitze. Ich nehme Vögel schneller und intensiver wahr als viele andere Menschen, die ich kenne. Jedenfalls glaube ich das, denn man kann die eigene Wahrnehmung ja sehr schwer vergleichen – aber mit den Jahren habe ich genau das festgestellt. Während andere bestimmte Vögel oft gar nicht sehen, sind sie für mich blitzschnell da, entdeckt und erfasst. Manchmal ignoriere ich sie dann, unterbewusst ist aber klar, dass dort ein Spatz geflogen ist, und nicht einfach nur ein Schatten. Mit den Jahren hat sich dieser Blick geschärft.

Schon als Kind und als Jugendlicher gab es für mich nichts Faszinierenderes als Vögel. Ich erinnere mich an lange Autofahrten über Landstraßen, bei denen ich von der Rückbank aus dem Fenster mit zusammengekniffenen Augen versuchte, den Greifvogel am Horizont zu bestimmen. War es ein Milan? Oder eine Weihe? Betrat ich einen Garten, scannte ich ihn automatisch und wusste gleich, was mich umgibt. Es passierte automatisch, Augen und Ohren arbeiteten blitzschnell zusammen. Dasselbe an der Nordsee im Urlaub – irgendetwas zog meine Blicke und mein Gehör automatisch und fast magisch zu den Vögeln in der unmittelbaren Umgebung. Egal, welchen Raum, Ort, welchen Park oder welche Straße ich betrete: Anwesende Vögel bemerke ich sofort, auch wenn sie nicht unmittelbar vor mir sitzen. Eine Gabe, die meinen Alltag bestimmt – und meine Beziehung zu Vögeln. Es kann sein, dass wir ohne meinen „Vogelblick“ heute nicht auf unserem Hof leben würden. Die Schwalben, die über unsere Köpfe hinweggeschossen sind an jenem heißen Sommertag, haben uns dazu gebracht, sofort zuzusagen.

Noch heute sitze ich manchmal bei uns auf der Terrasse, über mir zwanzig, dreißig Schwalben – wenngleich auch längst eine andere Generation als damals – und ich danke ihnen für ihre Entscheidungshilfe.

ANGEKOMMEN

Einmal mehr waren es also Vögel, die in einem wichtigen Moment meines Lebens so auf mich einwirkten, dass ich eine Entscheidung aus einem Bauchgefühl heraus treffen konnte: Dieser Ort ist ein guter Ort. Heute weiß ich: Es war die beste Entscheidung meines Lebens. Ich fühle mich angekommen und zu Hause. Deshalb sind Schwalben meine ganz persönlichen Glücksvögel.

SELBST GUTES TUN

Hilfe für Schwalben

Wenn du etwas für Schwalben tun möchtest, solltest du als allererstes checken, ob in deinem Ort bereits Schwalben leben. Wenn das der Fall ist, hast du mit ein paar Kniffen gute Chancen, deren Bestände zu sichern.

Wenn du in einem Dorf lebst, in dem es keine Schwalben mehr gibt, wird das leider etwas schwieriger, aber nicht unmöglich! Es gilt immer: Wir können den Vögeln nur Angebote machen. Wenn zum Beispiel Nisthilfen nicht gleich angenommen werden, ist das kein Grund beleidigt zu sein. Vielleicht heißt das auch, dass eine Art etwas für sie besser Geeignetes gefunden hat – was ja eigentlich genau das ist, was wir wollen. Also: ruhig bleiben, weiter anbieten.

Wenn du Platz hast, kannst du ein Wasserloch für Schwalben anlegen. Früher war jede Straße nach einem Regenschauer matschig und lehmiger Boden zum Nestbau war genügend vorhanden. Heute ist alles asphaltiert und die Schwalben haben es schwer. Wenn du zum Beispiel eine Hofeinfahrt oder eine erdige Stelle im Garten hast, die einen freien Anflug hat, kannst du diese mit Wasser befüllen – die Schwalben sehen die Spiegelung aus der Luft. Das Loch darf nicht zu tief sein, sondern es muss am Rand Stellen geben, an denen die Schwalben an matschige Erde gelangen, ohne zu tief ins Wasser zu geraten. Wichtig ist, dass es lehmiger Boden ist. Falls du keinen Lehmboden hast, kannst du deinem Wasserloch aber Lehm zufügen.

Für Rauchschwalben ist es wichtig, dass Einflüge in alte Gebäude rechtzeitig im Frühling geöffnet werden, am besten schon Mitte März, sicher ist sicher. Bringe gern ein paar Kunstnester in passenden Ecken an. Apropos Kunstnester: Es gibt zwei Modelle, eines für Mehlschwalben und eines für Rauchschwalben. Das für Mehlschwalben ist bis auf ein kleines Einflugloch komplett geschlossen, das für Rauchschwalben ist napfförmig und oben komplett offen.

Philipp hat bei sich am Hof die Erfahrung gemacht, dass die Kunstnester für Mehlschwalben für die Jungenaufzucht nicht optimal sind. Jahr für Jahr hat er Probleme mit Parasiten in den Nestern, die zum Tod von Jungen führen, weil die Eltern nicht weiter füttern. Ein guter Trick: auch in Mehlschwalben-Kolonien einfach Kunstnester für Rauchschwalben anbringen.

Die Mehlschwalben mauern dann die obere Hälfte selbst hoch, das ist bombensicher und kann nicht abfallen – und wenn die Jungen größer sind, brechen die Eltern gern das Einflugloch auf, um den Ausflug zu erleichtern. Bei Philipp hat das immer viel besser funktioniert als die vielen traurigen Vorfälle, die es mit den handelsüblichen Mehlschwalben-Kunstnestern gab. Wenn ihr dann noch Kotbretter unter den Nestern anbringt, kann euch auch niemand mehr sagen, die Vögel machten zu viel Dreck. Übrigens: Manchmal fallen Nester in trockenen Sommern ab. Wenn die Jungvögel groß genug sind, überleben sie den Sturz, sind am Boden aber hilflos. Ihr könnt sie in ein Kunstnest oder ein Körbchen, das ihr auf derselben Höhe wie das alte Nest anbringt, setzen und in den meisten Fällen beginnen die Eltern nach einer Weile wieder zu füttern!

Der Stieglitz ist ein Berliner

SCHÖNLING

Vögel waren nicht das Einzige, was Antonia und Philipp von Anfang an verband. Sie teilten den Humor, den Hang zum Bunten, den Musikgeschmack und die Vorliebe für gutaussehende Männer, die vor dem Bürofenster vorbeiliefen. Gleichzeitig konnten sie sich aber auch gemeinsam über die Missstände der Welt aufregen. Und wenn alles zu viel wurde, guckten sie aus dem Fenster ihres Büros und beobachteten die Vögel, wie sie den Ungerechtigkeiten trotzten.

Alle, die sich für Vögel interessieren und ihre Vogelliebe anderen mitteilen, müssen früher oder später damit rechnen, dass irgendjemand plötzlich mit folgender Frage um die Ecke kommt: Was ist denn eigentlich dein Lieblingsvogel? Ich habe diese Frage nie gemocht, auch wenn sie naheliegend und berechtigt ist. Dass ich die Frage nie mochte, liegt bestimmt auch daran, dass ich sie nie wie aus der Pistole geschossen beantworten konnte, wie man von mir erwartete. Lieblings-Fußballverein hat ja in Deutschland auch jeder, und sein Lieblingsessen muss man bereits als Kind in diese Freunde-Bücher schreiben. Dann wirst du ja wohl auch nen Lieblingsvogel haben!?
Der Stieglitz jedenfalls ist ein Vogel, den ich als Antwort auf diese Frage öfter genannt habe – und der mir auch in den letzten Jahren am ehesten in den Kopf kommt, wenn mich jemand nach meinem Lieblingsvogel fragt. Einerseits, weil ich dann einfach meine Ruhe habe, wenn ich eine Antwort gegeben habe. Andererseits aber auch, weil wahrscheinlich was dran ist.

Wenn man sich in der Orni-Welt umschaut, sei es bei Instagram oder in Foren wie ornitho.de, kann der Eindruck entstehen, dass viele Vogelfreunde vor allem „besondere“, oft größere, evtl. (körperlich) auffällige Arten in den Mittelpunkt stellen. Es gibt riesige Kranich-Fangemeinden, auch Rohrdommel und Singschwan genießen eine gewisse Aufmerksamkeit – das kann man auch alles begründen, klar. Seltene Wintergäste, versteckte Lebensweise, schwer zu beobachten. In unseren Augen „besonderes“ Gefieder, einzigartiges Verhalten. Auch wenn man sich bestimmte Schutzprogramme anschaut, so könnte man meinen, dass es meistens um größere Arten, oftmals um sehr symbolträchtige Vögel geht: Projektgruppe Seeadlerschutz Schleswig-Holstein e.V., Wiederansiedlungsprojekt der Auerhühner bei mir um die Ecke in der Niederlausitz, Förderverein Großtrappenschutz e.V., der die letzten Großtrappen in Deutschland sogar mit Elektrozäunen eingezäunt – zum Schutz vor Prädatoren. Es gibt eine „Arbeitsgemeinschaft zum Schutz der Eulen“ und für den symbolträchtigen Weißstorch gibt es landauf, landab eigene Vereinigungen. Das ist auch alles richtig so und ich finde jegliche Form des Engagements im Naturschutz super. Aber was mir auffällt: Je kleiner der Vogel, desto weniger konkrete Schutzgruppen oder -projekte gibt es. Oder hat jemand schon mal von der Task Force „Rettet die Feldlerche“ gehört? Und dabei sind in Europa seit 1980 mehr als die Hälfte aller Feldlerchen verschwunden. Es gibt keinen „Braunkehlchen-Schutzverband Nordost“ – dabei verzeichnet das Braunkehlchen einen Bestandseinbruch um fast 60 Prozent seit den 1980ern. Und auch eine „Arbeitsgemeinschaft Steinschmätzer“ sucht man vergeblich – und der steht in vielen Teilen Deutschlands kurz vor dem Aussterben.
Für viele beginnt ihre Vogelbegeisterung am Futterhaus im Garten oder auf dem Balkon, wo ja meistens keine Großtrappen oder Basstölpel vorbeikommen. Aber früher oder später ertappen sie sich dann doch dabei, wie sie Kraniche und Co. als besonders faszinierend und schützenswert erachten. Kleinere, „alltägliche“ Arten fallen da mit konkreten Schutzmaßnahmen oft durch die Maschen des Netzes. Ich bin kein Psychologe, aber mir scheint, einige Gründe liegen auf der Hand.

Je größer ein Vogel, desto mehr Ehrfurcht löst er aus. Wer schon mal einen Uhu hat fliegen sehen oder einen Steinadler, wird das nie vergessen. Greifvögel strahlen darüber hinaus etwas Mächtiges aus. Sie sind die Könige der Lüfte, sie entscheiden über Tod und Leben. In einer sehr männlich dominierten Ornithologen-Welt kann man mit solchen Beobachtungen oder Fotos sicherlich mehr Aufmerksamkeit erlangen als mit einem schönen Zaunkönig-Foto. Nervt mich, ist aber so jedenfalls mein Empfinden. Hinzu kommt, dass man Großvögel wie Kranich und Co. auch besser beobachten kann. Wenn eine Art dazu dann noch selten ist, also die Wahrscheinlichkeit, sie zu sehen oder zu fotografieren geringer ist, erhöht das bei manchen Menschen den „Wert“. Das lässt sich auch bei anderen Tiergruppen beobachten. Natürlich erfährt es mehr Auf-

Der Stieglitz ist einer unserer farbefrohsten Finken. Besonders das rote Gesicht macht ihn sympathisch.

WEGEN SEINES FARBIGEN GEFIEDERS wird der Stieglitz auch von Leuten, die gerade erst mit dem Vogelbeobachten anfangen, erkannt und korrekt bestimmt. Das motiviert natürlich. Sein Gesang als auch sein Aussehen machen ihn unverkennbar.

SOWOHL MITTEN IN DER STADT als auch in Brandenburg auf dem Land begegnen Philipp die Stieglitze. Wahrscheinlich sind sie ihm deshalb auch so wichtig. **ZUR HOCHZEIT** bekam er sogar diese Malerei von einem Nachbarn im Dorf.

merksamkeit, wenn der Afrikanische Elefant oder das Breitmaulnashorn kurz vor dem Aussterben stehen, als wenn dasselbe Schicksal der seltenen Ochsenzungen-Seidenbiene in Deutschland droht.

Klar freue auch ich mich über Großvögel, und ja, wenn ein Seeadler über unseren Hof fliegt, – bei uns sind es übrigens oft jüngere Tiere, auf der Suche nach rastenden Gänsen – dann werde auch ich ehrfürchtig. Aber es haut mich nicht so aus den Socken wie manch anderen Vogel-Freak. Ich persönlich bin auf den Kleinen hängengeblieben. Wenn Rauchschwalben auf unserer Dachrinne sitzen und singen, das Männchen dem Weibchen einen Strohhalm überreicht – das haut mich von den Socken und macht mich im positiven Sinne fix und fertig.

Ich könnte jetzt einen Aufsatz über Männlichkeit oder die verschiedenen Männlichkeiten, wie es korrekt heißen müsste, schreiben. Darüber, was es für ein Segen ist, wenn man als Mann etwas „softer" ist und darüber, was für einen Einfluss unsere Sozialisierung darauf hat, was wir als „männlich" empfinden. Wie toxisch Männlichkeit sein kann und wie sehr ich manchen Männern wünsche, sich gegen in unserer Gesellschaft lang gewachsene Männlichkeiten wehren zu können und ganz sie selbst sein zu können. Das würde an dieser Stelle zu weit führen. Spannend ist dieses Thema für mich als homosexueller Vogelfreund allemal und ich mache mir oft Gedanken darüber.

Geht es also um meinen persönlichen Lieblingsvogel, lande ich immer wieder beim Stieglitz. Wie gesagt, nach einigem Abwägen und nicht ohne Konkurrenz – aber ich lüge nicht, wenn ich sage: Der Stieglitz ist mein Lieblingsvogel. Und ich muss es wohl schon einige Male erzählt haben, denn zur Hochzeit malte unser Nachbar von schräg gegenüber uns ein Bild: Buntspecht und Stieglitz, gemeinsam an einer Birke, mit der Unterschrift: „Ungewöhnliche Vogelhochzeit".

IN DER KULTUR: Als der liebe Gott alle Tiere und Vögel geschaffen hatte, da malte er sie auch an, den Fuchs rot, den Schimmel weiß, die Hunde braun und weiß und schwarz, das Schaf weiß und so fort. Aber als er ganz fertig war und sich alles ansah, was er gemalt hatte, da kam noch ein kleiner Vogel, den hatte er vergessen zu malen, weil er nicht zur rechten Zeit gekommen war. Da sagte der liebe Gott: „Warum kommst du so spät? Nun musst du ganz ohne Farbe bleiben, ich habe keine mehr." Aber der kleine Vogel jammerte so, dass er allein keine Farbe haben solle, und sagte: „Da ist doch noch von jeder Farbe ein kleines bisschen im Topf. Schmier' mir von jeder Farbe auch nur ein kleines Kleckschen an!" Das tat denn der liebe Gott, und so kriegte der Vogel von allen Farben etwas. (Aus Oskar Dähnhardts „Natursagen" von 1910)

Diese Legende darüber, wie der Stieglitz zu seinen Farben kam, steht ihm ganz wunderbar, wie ich finde. Es gibt heimische Vögel, die noch bunter sind. Aber beim Stieglitz wirkt die Farbverteilung etwas improvisiert, gekleckst, etwas planlos. Das macht ihn so sympathisch. Natürlich ist das leuchtend rote Gesicht in der Welt der kleineren Singvögel, die bei uns heimisch sind, einmalig. Der Dompfaff ist auch für sein Rot bekannt – allerdings am Bauch und außerdem ist das ein einzigartiges Rosa oder fast schon Pink. Der Bluthänfling, von dem es zum Glück noch ein Brutpaar bei mir am Hof gibt, hat pastellig-rote Partien im Gefieder, der Birkenzeisig auch. Aber die genannten Finken, allesamt nah verwandt mit dem Stieglitz, haben eben kein rotes Gesicht. Dazu die kontrastreichen gelben Bereiche an Flügel und am Schwanz und das verwaschene Cremebraun mit Weiß am Bauch, abgesetzt von schwarzen Federn am Hinterkopf – es ist ein heilloses Durcheinander an unterschiedlichsten Farben, die in dieser Kombination bei keinem anderen kleineren Vogel vorkommen.

Interessant finde ich, dass der Stieglitz es trotz seines auffallenden Aussehens schafft, nicht aufzufallen. Für viele Anfängerinnen und Anfängern der Vogelbeobachtung bleibt er gewiss öfter mal unentdeckt – denn anders als uns viele Fotos und Abbildungen in Büchern und im Internet glauben machen, sitzen die wenigsten Vögel längere Zeit direkt vor unserer Nase, sondern oft hoch oben im Baum. Stieglitze sind klein, kleiner als Spatzen, und halten sich gern in den Baumspitzen auf, wenn sie nicht gerade am Boden oder im Buschwerk auf Nahrungssuche gehen. Gehe ich bei mir an einem kalten, sonnigen Wintertag in den Garten, so höre ich schon von Weitem das Gezeter und das Gezwitscher der Stieglitze, die im Winter gern in Trupps von ungefähr 20 Vögeln anzutreffen sind. Das fröhliche „Stiglitt - stiglitt" kann man sich super merken – oft verraten sich die Vögel erst dadurch, dass sie so geschwätzig sind. Dass sie ihren Namen rufen, ist natürlich prima für alle, die Vogelstimmen lernen möchten. Der Lieblingsplatz meiner Stieglitze im Garten ist übrigens meist hoch oben im alten Walnussbaum, der als allerletztes im Jahr Blätter bekommt und daher alles, was auf ihm landet und sitzt, gut von mir im Blick behalten werden kann. Der Walnussbaum müsste langsam auf die Hundert zugehen und Jahr für Jahr habe ich Angst, dass er es nicht mehr lange machen könnte. Spielt er doch für meinen Garten und die Vögel eine so wichtige Rolle.

Die Stieglitze, die im Winter bei mir sind, vergemeinschaften sich oft mit Grünfinken, die ihnen in der Anzahl unterlegen sind, den Chor mit ihrem charakteristischen Trillern aber verfeinern. Und mit Erlenzeisigen, die noch rastloser wirken und in Schwärmen von um die hundert Vögel bei mir einfallen. In unserem Dorf stehen viele alte, sehr hohe Erlen. Und wie der Name schon sagt, sind diese Erlen das Ziel der emsigen kleinen Vögel, die meistens aus dem hohen Norden im Winter zu uns kommen. Im Garten sitzen sie dann oft in den Baumkronen zusammen mit Stieglitzen und Grünfinken und der Himmel ist erfüllt von einem Finken-Gequatsche, das mir umgehend gute Laune beschert. Wenn ich mit schlechter Laune aus dem Haus gehe und in den Finkenschwarm gerate, ist die Laune umgehend wieder gut und der Tag gerettet. Besonders wenn die Sonne rauskommt, spürt man manchmal bereits im Januar, was das bei den Stieglitzen auslösen kann. Für mich sind der Stieglitzgesang und die Rufe im Spätwinter oft das erste kleine Zeichen, dass der Frühling zwar noch nicht nah, aber auch nicht unendlich fern ist.
Zur Brutzeit sind Stieglitze im Übrigen alles andere als laut und geschwätzig, sondern sie führen ein Leben im Verborgenen. Ich habe im Herbst mal ein Stieglitznest im Kirschbaum entdeckt, das mir während der Brutsaison überhaupt nicht aufgefallen war. Klar, die Winterschwärme lösen sich irgendwann auf und die Brutpaare besetzen ihre Reviere, aber ich habe das Pärchen tatsächlich nicht wahrgenommen. Ich freute mich aber wie Bolle, dass in meiner alten Obstbaumwiese offenbar auch Stieglitze brüten – besonders Finken sind ja eher selten beim Brutgeschäft zu beobachten, anders als Spatzen oder Meisen, die sich am Nest nicht besonders leise und heimlich verhalten. Für Finken, deren Nester frei im Baum gebaut werden, ist diese Heimlichtuerei aber auch wichtiger – denn kein Nistkasten, keine Baumhöhle schützt die Jungen vor Feinden.

Es gibt Vogelarten wie Rauchschwalbe, Pirol und Weißstorch, die für mich wichtiger geworden sind, seit ich in Brandenburg lebe. Außerdem haben andere Vogelarten, wie zum Beispiel der Mauersegler, gemein gesagt leider an Bedeutung verloren, weil sie mir nicht mehr täglich über den Kopf sirren. Den Stieglitz aber verbinde ich mit Berlin, er löst viele Großstadtgefühle in mir aus, und auch auf dem Land ist er ein treuer Begleiter.
Was viele vielleicht gar nicht vermuten: In der Hauptstadt gehört der Stieglitz zu den häufigsten Singvögeln. Bei meiner ersten Begegnung war ich in der aufgeheizten Stadt unterwegs, meiner Erinnerung nach an einem warmen Tag im Mai oder Juni, und hörte das finkentypische Zwitschern im Baum über mir. Ich musste sehr tief in meiner Vogelstimmen-Abteilung im Gehirn kramen, um auf den Stieglitz zu kommen. Denn als ich mit 19 Jahren nach Berlin zog, hatte ich andere Hobbys und Leidenschaften als Ornithologie. Obwohl ich als Kind erstaunlich viel Wissen über unsere Vogelwelt angehäuft hatte und die meisten gängigen Vogelstimmen kannte, wurden während der Pubertät andere Themen interessanter und manches, was ich gewusst hatte, verschwand in tieferen Schichten der Erinnerung.
Es ist lustig: Neulich habe ich Uferschnepfen in einem Film rufen gehört und wie in einem

VIELLEICHT IST DER STIEGLITZ AUCH MEIN LIEBLINGSVOGEL, WEIL ER FÜR MICH FÜR BERLIN UND BRANDENBURG GLEICHERMASSEN STEHT.

MITTEN IM LAUTEN BERLIN leben überdurchschnittlich viele Stieglitze. Aus dem klassischen Landvogel ist ein anpassungsfähiger Stadtvogel geworden. Hauptsache, er findet wilde Ecken mit ausreichend Nahrung. In Berlin gibt es diese noch. **STEGELITZ** als Ortsname gibt es mehrfach. Auch Stegelitz im Landkreis Jerichower Land hat den Stieglitz im Wappen.

seltsamen Zeitstrudel wurde ich zurück an den Dümmer-See Ende der Neunziger gestrudelt. Das vermögen die Vögel mit mir zu machen! Alle, die sich für Vögel begeistern und viel in der Natur sind werden bestätigen: Oft hört man nach einem langen Winter einen Vogelgesang und kommt einfach nicht auf die passende Art. Man ist einfach aus dem Training. Wie oft habe ich mich schon über eine Kohlmeise geärgert, die im März ein Repertoire ausgepackt hat, von dem ich schwören konnte, es so noch nie zuvor gehört zu haben. Der Ruf des Stieglitzes war mir damals mit 19 also auch nicht mehr so vertraut. Heute ist er mir wieder viel präsenter. Das liegt auch daran, dass sein zarter Gesang Sommer für Sommer fast täglich in den Linden vor meiner Kreuzberger WG erklang, hoch über einer viel befahrenen Hauptstraße. So ist der zarte Ruf des Stieglitzes für mich eng mit der lauten Großstadt verbunden.

Berlin hat sogar einen ganzen Bezirk, der fast so heißt wie der Vogel: Steglitz-Zehlendorf im Südwesten der Stadt. Früher war Steglitz auch mal ein eigener Bezirk, noch früher war Steglitz ein Dorf, bis es 1920 in Groß-Berlin eingemeindet wurde. Der Ortsname soll slawischen Ursprungs sein, so wie vieles in Berlin, und soll vom alten Brandenburger Adelsgeschlecht derer von Stegelitz abstammen. Die wiederum wirkten in Ostdeutschland offenbar an verschiedenen Orten, denn Orte mit dem Namen Stegelitz gibt es noch heute, zum Beispiel in der Uckermark, im Landkreis Stendal sowie im Jerichower Land in Sachsen-Anhalt. Letztere Ortschaft führt sogar einen Stieglitz im Wappen.

Die freie Übersetzung von Stegelitz als „Ort, an dem Stieglitze wohnen" trifft auf den Berliner Ortsteil Steglitz mit Sicherheit zu, denn wie ich in meinen vielen Jahren, in denen ich in Berlin lebte, feststellen konnte: Der Stieglitz ist ein echter Berliner. In Berlin-Steglitz hatte ich übrigens meinen ersten richtigen Studentenjob in einem furchtbaren, riesigen Einkaufscenter mit furchtbaren verkaufsoffenen Sonntagen in einer bekannten Buchhandels-Kette. Die haben aber ganz gut gezahlt, ich glaube damals schon 12,50 Euro die Stunde oder so.

Ob nun in Steglitz, Mitte oder Kreuzberg: Wer den Stieglitz einmal bewusst in Berlin wahrgenommen hat, bemerkt ihn immer wieder. In meinem Kiez zwischen Volkspark Hasenheide und dem Landwehrkanal sollten Stieglitze zu meinen ständigen Begleitern in meinen Berliner Sommern werden. Ob im Morgengrauen, wenn ich aus den Clubs und Bars stolperte, oder in der Mittagssonne, draußen in einem Straßencafe. Es ist zauberhaft, vor der Ankerklause zu sitzen und zwischen dem ohrenbetäubenden Lärm der dreckigen Einfallstraße zum Kottbusser Tor ganz plötzlich Stieglitze zu hören.

Dann schließe ich kurz die Augen und bin einfach nur glücklich. Und die, die mit mir am Tisch sitzen, bemerken diesen kleinen Blitz nicht einmal, der mich innerlich durchfährt. Das ist der Zauber der Vogelliebe.

Eine Untersuchung der Berliner Ornithologischen Arbeitsgemeinschaft e.V. bestätigte im Jahr 2014 übrigens meinen Verdacht: Der Stieglitz ist in Berlin einer der häufigsten Singvögel. Als Vogel der offenen Landschaft, der Felder und Ackerränder, wie es oft in Vogelbüchern beschrieben wird, scheint das zunächst ungewöhnlich – doch um zu verstehen, warum der Stieglitz in die Stadt zog, muss man sich nur seinen ursprünglichen Lebensraum genauer ansehen. Denn auf dem Land geht die Zahl an wilden Feldrändern und Wegen mit Blumen und Wildkräutern, deren Samen er frisst, rapide zurück.

Seinen zweiten Namen „Distelfink" hat er nicht von ungefähr: Distelsamen sind seine Leibspeise; er liebt Karden und Kletten, aus denen er geschickt die Samen herauspicken kann. Das macht ihm so schnell kein anderer Fink nach. Und wer mit offenen Augen durch die Landschaft fährt, stellt fest: Disteln gibt es kaum noch. Weder in meinem Heimatdorf in

EIN DRUCK des berühmten Gemäldes „Der Distelfink“ von Carel Fabritius hat bei Philipp im Haus einen besonderen Platz bekommen. Wegen seiner Farbenpracht und des schönen Gesangs ist der Stieglitz in Kunst und Literatur ein gern gemaltes und beschriebenes Motiv.

Niedersachsen noch in Brandenburg. Durch die Flurbereinigung sind Ackersäume und wilde Feldränder nahezu aus unserer Kulturlandschaft verschwunden. Maisfeld grenzt an Rapsfeld. Früher wuchsen zwischen extensiv genutzten Flächen Disteln, Wildkräuter und Co. Hier eine Pferdekoppel, daneben ein Feld, daneben Rinder auf der Weide. Und dazwischen wilde Streifen, ganz natürlich, die gehörten dazu. Wie so viele Vogelarten der Offenlandschaft leidet auch der Stieglitz unter dieser aufgeräumten Landschaft, denn wo keine Disteln stehen, da findet er auch keine Nahrung. Doch anders als Wachtel, Rebhuhn und Co. hat der Stieglitz es geschafft, dem Menschen rechtzeitig zu folgen. Wenngleich auch nicht so dicht auf den Fersen wie Hausrotschwanz oder Spatz, so hat der Stieglitz doch Siedlungen, Gärten und Städte erobert – denn so verrückt es auch klingt, im besiedelten Gebiet ist es aus rein ökologischer Sicht oftmals viel weniger aufgeräumt als in der konventionellen Landwirtschaft, wo jeder störende Grashalm, jedes Beikraut weggespritzt wird. Berlin ist ein gutes Beispiel dafür. Nicht zuletzt wegen des zweiten Weltkrieges, dem Entstehen enorm vieler und großer Baulücken, anschließender unklarer Besitzverhältnisse, der Teilung der Stadt mit Todesstreifen, entstanden Brachen und Freiflächen, um die sich lange Zeit niemand kümmerte. Ein Paradies für Wildwuchs, Kräuter, Disteln und Co., das unzähligen Vögeln Nahrung bietet.

Noch heute gibt es in Berlin, verglichen mit München oder Köln, viel ungepflegtes Grünland: Brachflächen, Hinterhöfe, um die sich niemand richtig kümmert – oft aus Geldmangel. „Berlin ist arm, aber sexy“, hat Klaus Wowereit mal gesagt. Grünflächenmanagement spielte lange eine untergeordnete Rolle in Berlin. Das wäre viel zu teuer gewesen. Also wurde erstmal nicht aufgeräumt – noch heute ist das in vielen Ecken in Berlin so. Für Berlins Stieglitze ist das ein Segen. Noch heute ist die Stieglitz-Dichte in Plattenbausiedlungen zwischen Parkplätzen und Straßen höher als in Schrebergärten, denn auch unsere Gärten sind viel zu aufgeräumt. Selbst wenn es eine Distel dort mal schafft, im Sommer zu wachsen und zu erblühen, so wird sie doch meist spätestens im Herbst herausgerissen, wenn der Garten aufgeräumt wird. Wer einmal Disteln und Karden in seinem Garten hat stehen lassen, weiß, dass sich viele Finken-Arten – allen voran der Stieglitz – den Winter über an den Samenständen bedienen.

In meinem Arbeitszimmer in Brandenburg hängt ein Bild, auf dem ein Stieglitz zu sehen ist. Es ist weiß Gott nicht das einzige Vogelbild in unserem Haus – etwas zum Leidwesen meines lieben Mannes, der Vögel zwar mag, aber nicht unbedingt in jeder Form an der Wand, als Foto, Aquarell oder Wandteller bräuchte. Sei's drum, in meinem Arbeitszimmer kann ich machen was ich will. Das Bild, das an der alten Backsteinmauer hängt, ist nicht irgendein Bild. Es ist ein Druck des berühmten Gemäldes „Der Distelfink“ – niederländisch „Het puttertje“ vom Delfter Maler Carel Fabritius aus dem Jahr 1654. Das Bild ist auch namensgebend für den Roman von Donna Tartt, der 2014 mit dem Pulitzer-Preis ausgezeichnet wurde.
Das Buch habe ich in vielen Bücherregalen stehen sehen, ich glaube sogar in meiner Berliner WG; auf Englisch heißt es „The Goldfinch“ und ich finde das Cover selten hässlich. Ich selbst aber habe es nie gelesen. Schande über mich. Ich verbringe offenbar zu viel Zeit damit, in meinem Garten mühsam, um jede Distel und jedes Samentragende Beikraut herum zu mähen. Das Gemälde aber, das dem Roman zugrunde liegt, fasziniert mich schon lange. Zu sehen ist ein Stieglitz, der mit einer Kette an seiner Sitzstange festgebunden worden ist. Die Sitzstange befindet sich an einer Art Küchenschränkchen, so jedenfalls würde ich es beschreiben, und der Vogel kann theoretisch fliegen, aber eben nur ein Stückchen, allzu lang ist die Kette an seinem Fuß nicht.
Der wohl berühmteste Stieglitz der Welt, der für Fabritius' Gemälde Modell stand, teilt ein Schicksal mit vielen kleinen Singvögeln auf der Welt, die nach wie vor in Käfigen gefangen gehalten werden. Allen voran eben der Stieglitz, der in vielen Gegenden als Glücksbringer gilt. Für die Familien, die die Vögel in viel zu

ÜBRIGENS: Man kann Disteln auch aussäen und wilde Ecken im Garten schaffen, dort, wo sie niemanden stören. Zum Beispiel die Gewöhnliche Eselsdistel: Unser Auge wird mit wunderschönen, violetten oder pinken Blüten belohnt – und mit einem bunten, laut schwatzenden Schwarm Stieglitze, wenn der sonst so graue Herbst und Winter Einzug halten und nur noch wenige Farben für uns dabei haben.

PHILIPPS OPA RUDI hat einst die Liebe zu Vögeln in ihm entfacht – auch ausgelöst durch Käfigvögel wie Kanarienvögel. **ALS KIND** hat Philipp das nicht reflektiert – heute sind ihm freie Vögel natürlich um einiges lieber. Käfighaltung lehnt er ab.

kleinen Käfigen, kaum größer als ein Schuhkarton, an die Hauswand neben die Haustür hängen, sind die Vögel sicherlich wichtig; sie mögen sie, sie wollen sie nicht quälen. Wenn man bedenkt, wie lange es bei uns vollkommen normal gewesen ist, Ziervögel wie Wellensittiche, Kanarienvögel oder Zebrafinken in kleinen Käfigen auf der Fensterbank zu halten – ohne ihnen etwas Böses zu wollen – ist diese Haltung von Stieglitzen gar nicht so verwunderlich. Heute gibt es auch bei uns immer noch Menschen, die einen Wellensittich mit einem kleinen Spiegel in einem Käfig halten – aber so en vogue wie es in den letzten Jahrzehnten des 20. Jahrhunderts war, ist es zum Glück nicht mehr. Ich lehne das, bei aller Vogelliebe, ab, so wie ich im Übrigen auch Zoos ablehne.
Die Stieglitze in ihren kleinen Käfigen fristen ein trauriges Leben. Glücksbringer hin oder her – es ist Tierquälerei, einen Wildvogel gefangen zu halten, und dann auch noch in einem Käfig, in dem er gerade einmal von der einen auf die andere Stange hüpfen kann. In den meisten Fällen sind die Tiere nicht in Gefangenschaft geboren, sondern aus der Natur entnommen – was das Ganze noch viel schrecklicher macht. Diese Haltung von Stieglitzen reiht sich ein in die unzähligen Verbrechen von Menschen an der Tierwelt, die so oft mit Tradition und Kultur begründet werden. Nichts rechtfertigt es, ein wildes Tier gefangen zu halten.

Ich erinnere mich an meinen Opa, über den ich heute mit Sicherheit sagen kann, dass meine Vogelliebe in all ihren Auswüchsen fast komplett auf ihn zurückgeht. Ohne meinen Opa würde ich wahrscheinlich dieses Buch nicht schreiben. Mein Opa hielt allerdings auch Vögel im Käfig, er hatte einen Nymphensittich im Haus, der Gregor hieß und auf den Arm kam. Opa hatte Kanarienvögel – und er hatte auch hin und wieder heimische Wildvögel in seiner geräumigen Voliere draußen im Garten. Als kleines Kind habe ich das nicht wirklich wahrgenommen und als ich größer war, hatte er, glaube ich, nur noch Kanarienvögel. Aus Erzählungen weiß ich aber, dass er früher auch Dompfaffen und Co. in seiner Voliere hielt. Ein Züchter aus Holland besorgte ihm ab und zu neue Tiere. Das wirkt heute ganz weit weg, aber wenn man bedenkt, dass es in den meisten Ländern der Welt noch immer normal ist und auch bei uns jahrhundertelang vollkommen normal war, wilde Vögel in Käfigen zu halten – dann ist es das gar nicht. Mein Opa war es aber auch, dem ich meine Naturverbundenheit zu verdanken habe. Das eine schließt das andere nicht aus. Ich habe oft daran gedacht, wie es wäre, wenn er heute noch leben würde. Oder wenn wir zumindest länger etwas voneinander gehabt hätten.

> Ich hätte mich gern noch ein paar Jahre mit ihm unterhalten, in seinem großen Gemüsegarten, mit seiner eigenen Roten Beete, deren erdigen Geschmack ich noch heute auf der Zunge hab. Dann hätte ich ihn fragen können, wie er das so sieht, mit der Haltung von Wildvögeln.

Mein Opa war Jahrgang 1924, kam aus Schlesien. Ich hätte noch viele Fragen gehabt. Ich danke meinem Opa für alles, was er mir gezeigt hat. Wildvögel in Deutschland zu halten ist noch immer erlaubt. Sie müssen allerdings in Gefangenschaft geboren sein und entsprechende Papiere haben. Immer wieder hört man von manipulierten Ringen – und einige heimische Arten erzielen auf dem Schwarzmarkt horrende Preise. Illegaler Wildtierhandel rangiert weltweit direkt hinter Waffen- und Drogenhandel auf Platz drei.
Unser Freund Axel Hirschfeld vom Komitee gegen den Vogelmord, mit dem wir auch die Reportage über den Ortolan gedreht haben, bestätigt uns, dass in Deutschland noch immer mit Finken und anderen beliebten Singvögeln gehandelt wird – illegale Wildfänge. Immer wieder werden Händler hochgenommen, die viel Geld für seltene Arten verlangen, die angeblich aus eigener Zucht stammen.

AUCH IN DEUTSCHLAND WAR ES LANGE ZEIT NORMAL, HEIMISCHE SINGVÖGEL IN VOLIEREN ZU HALTEN.

GEBEUTELT

So sollte man also lieber nicht mit dem Finger auf Menschen in Mittelmeerländern zeigen, die sich am Gesang ihrer Glücksbringer-Stieglitze erfreuen. Denn Wilderei an heimischen Vögeln findet nach wie vor mitten unter uns statt und wird viel zu selten aufgedeckt und geahndet. Als hätten es unsere Brutvögel nicht schon schwer genug. Die Leidtragenden sind wie immer die Tiere.

SELBST GUTES TUN

Stängel für Stieglitze

Wenn du einen Garten hast, lass wilde Ecken entstehen. Wichtig ist, dass die trockenen Halme und Stängel im Herbst nicht abgeschnitten werden, denn die Samenstände dienen erstens der Vermehrung der Stauden – damit auch im nächsten Jahr noch etwas wächst – und zweitens bilden sie die Nahrungsgrundlage für Stieglitz & Co.

Neben Karden mag der Stieglitz am liebsten Ackerdisteln, Gänsedisteln und Kratzdisteln; aber auch Wegerich, Mädesüß, Vogelmiere, Ampfer, Beifuß und Kornblumen gehören zu seinem Speiseplan. Und über Sonnenblumen freut er sich genauso sehr wie wir Menschen.

Wenn du die Verantwortlichen in deiner Gemeinde oder im Dorf kennst, könnt ihr auch gemeinsam überlegen, in gewissen Randlagen wilde Streifen anzulegen. Das erspart übrigens auch das Rasenmähen – es gibt immer diese Ecken, über die gejammert wird, man komme da ja so schwer mit dem Rasenmäher rein. Wenn ihr so etwas hört, dann ist das die Chance: Plant solche bunten, wilden Ecken für Insekten und Vögel und in kürzester Zeit stellt sich Leben ein. Auch toll für Kindergartenkinder oder Schulklassen. Vielleicht könnt ihr sogar ein buntes Schild basteln, auf dem steht: „Hier wächst und blüht es für Insekten und Vögel!“

Verhängnisvolle Liebe und Nachtigall

SCHMETTERNDE DIVA

Philipp und Antonia haben lauthals Whitney Houston Songs in der netten Bürogemeinschaft im Prenzlauer Berg geschmettert. Das große Fenster des Altbaus zeigte direkt auf die Choriner Straße, und wenn sie Ablenkung wollten, brauchten sie nur rauszuschauen. Es dauerte nicht lange und schon lief ein gutaussehender Typ oder eine Bekannte vorbei und man konnte eine rauchen und ein Schwätzchen halten. Vielleicht hat ihnen dabei auch eine Nachtigall zugehört.

ANTONIA

Berlin ist der Nachtigallen-Hotspot in Deutschland. Touri-Ströme, laute Partys, eine stark befahrene Straße oder Bahngleise halten den Vogel von seinem Gesang nicht ab. Und dieser kann einen mit seiner immensen Bandbreite an Melodien und seiner unbegreiflichen Lautstärke einfach nicht kalt lassen.
Ich sah die Berliner Nachtigall das erste mal als ich im Frühling mit einer Freundin durch den Gleisdreieck Park radelte und in den verwilderten Schrebergärten einen lauten Vogelgesang hörte. Auf einem niedrigen Ast in einem der alten, zugewachsenen Gärten saß eine Nachtigall und schmetterte ihr Lied. Ich war nicht die einzige Zuhörerin. Zwei ältere Damen standen schon vor dem Gartenzaun und lauschten dem unscheinbaren Vogel, der unbeirrt sein Lied sang. Unscheinbar vielleicht, aber keineswegs unattraktiv. Im Gegenteil, die Nachtigall ist ein ausgesprochen schöner Vogel, wenn man sie mal zu Gesicht bekommt. Sie hat genau die richtigen Proportionen. Mit großen dunklen Augen, langen Beinen und einer hellbraunen, rötlichen Färbung.

In der Hauptstadt gibt es noch ca. 1.500 Reviere. Die Nachtigall braucht Gestrüpp und ein wenig Unordnung, um zu brüten. Solche Ecken gibt es in Berlin im Gegensatz zu anderen deutschen Großstädten noch viele. Doch auch hier verschwinden sie langsam. Auch hier wird immer mehr Laub- und Krautvegetation, in der Nachtigallen ihre Nester bauen, auf Stock geschnitten und weggeräumt.
Seit Jahren setzen sich Privatpersonen und Naturschutzverbände in Berlin oder auch in Köln für eine naturnahe Grünpflege und Begrünung im städtischen Raum ein. Bislang oftmals vergeblich. Denn die eingesetzten Kräfte des Grünflächenamts sind weder geschult noch informiert. Es dauert keine fünf Minuten und ein wildes Habitat für Vögel und Insekten ist zunichte gemacht und unwiderruflich zerstört. Das ist den Arbeiterinnen der Stadtverwaltung oft nicht bewusst und demnach auch nicht ihre Schuld. Aber es ist ein Problem für Insekten und Vögel in der Stadt. Und es lohnt sich, darauf hinzuweisen. Zum Beispiel: „Bitte schneiden Sie die Büsche nicht so tief, hier leben Spatzen und die brauchen Deckung und Schutz vor Wind und Kälte." Oder: „Hier brütet die Nachtigall. Die braucht Laub und Krautvegetation, weil sie bodennah nistet. Sie wollen doch bestimmt auch weiterhin Vogelgesang in der Stadt hören, oder?"
Im Frühling, Ende April kommen die ersten männlichen Nachtigallen aus ihren Überwinterungsgebieten in Ghana wieder nach Berlin. Sie sind vor den Weibchen da und singen vor allem nachts. Denn dann sind die Weibchen unterwegs, die eine Woche später eintreffen und die durch den Gesang der Männchen überzeugt und möglichst zum Verweilen eingeladen werden sollen. Als ich 2009 von einem Freund auf der Bernauer Straße nach Hause ging um 3 Uhr nachts, hörte ich meine erste Nachtigall in Berlin. Ich sah sie natürlich nicht. Aber es war unglaublich. Ich konnte kaum fassen, dass ein Vogel so groß wie eine Handspanne so viel Stimmkraft und Ausdauer aufbringen kann. Dabei ist er so klein und unauffällig.

IN DER KULTUR: Der Biologe Johann Friedrich Neumann hat es in seinem Buch „Naturgeschichte der Vögel Mitteleuropas" trefflich formuliert:
„Man staunt bald über die Mannigfaltigkeit dieser Zaubertöne, bald über ihre Fülle und außerordentliche Stärke, und wir müssen es als ein halbes Wunder ansehen, dass ein so kleiner Vogel in der Lage ist, so kräftige Töne hervorzubringen, dass eine so bedeutende Kraft in solchen Kehlmuskeln liegen kann." (1844)

90 Dezibel kann das Nachtigall-Männchen schmettern. Das entspricht der Lautstärke eines Lastwagens.

Unglaublich. Gemessen wurden diese Werte in Berlin, wo natürlich laute Umgebungsgeräusche vorherrschen. Wie andere Singvögel auch passen männliche Nachtigallen ihre Lautstärke an die Umgebungsgeräusche an. Wenn es

Die Nachtigall ist für uns Raverin, Nachtschwärmerin und Party-Begleiterin in vielen langen Nächten gewesen.

PHILIPP UND ANTONIA auf einer der zahlreichen Berlinale-Feiern, wo sie sich eingeschlichen und wild getanzt hatten. Auf dem zweiten Foto singt eine nicht sichtbare Nachtigall am Gleisdreieck Park im dichten Gebüsch.

„JORINDE UND JORINGEL“ wurde 1978 als erstes Bilderbuch beim Gertraud Middelhauve Verlag in Köln veröffentlicht. Kurze Zeit später muss es den Weg in Antonias Kinderhände gefunden haben. Seitdem ist sie ein Fan.

ruhiger ist, kommen sie nur auf 70 Dezibel. Es gibt Aufnahmen, in denen Männchen bis zu 20 Stunden durchsingen. Dabei lassen sich weit über 200 Strophentypen unterscheiden und jede Nachtigall hat ihr eigenes Repertoire. Eigentlich müsste es heißen „sein" Repertoire, denn nur die Nachtigall-Männchen singen.
Und sie singen, bis sie ein Weibchen angelockt haben. Das kann auch mal Wochen dauern, und hört man eine Nachtigall im Juni, dann kann man sich sicher sein, dass das arme Schwein noch keine gefunden hat. Dann symbolisiert der Gesang die gescheiterte romantische Liebe, und lässt man sich auf ihn ein, kann man aus ihm das Klagen der Nachtigall heraushören, meine ich.

Manchmal behaupten Freundinnen oder Freunde, dass sie im Januar eine Nachtigall gehört haben, denn der Vogel sang spät am Abend. Doch es gibt auch andere Vögel, die nachts singen. Oft handelt es sich dabei um ein Rotkehlchen. Dieser bezaubernde kleine Singvogel hat einen glockenklaren lauten Gesang, doch ist er viel höher als der der Nachtigall. Diese trägt ihr Liedchen dunkler und schmetternder vor und kommt eben erst im April wieder nach Deutschland – bis jetzt.

Ihr vielfältiger Gesang hat die Nachtigall weltweit zu einem der wichtigsten Symbole der romantischen Liebe gemacht und Schriftsteller von der Antike bis heute inspiriert. „Es war die Nachtigall und nicht die Lerche", behauptet etwa Julia in Shakespeares Liebesdrama „Romeo und Julia", um ihr Stelldichein mit Romeo zu verlängern.

Die Nachtigall ist für uns der lebende Beweis für das Aufgehen einer bekannten Gleichung: Klänge, Melodien und Gesang = Emotionen. Unsere Sympathie und unser Interesse für sie ist mitunter das Ergebnis dieser Gleichung.

Wir fragen uns, was genau die Vogeldame wohl hört oder versteht, wenn sie dem Lied des Sängers lauscht. Empfindet sie vielleicht, wie wir, Freude oder Sehnsucht – ja, sogar Liebe? Diese Fragen beschäftigen wohl jeden Vogelliebhaber. Sie bringen uns den Vögeln noch ein Stück näher und machen vor allem Singvögel wie die Nachtigall so sympathisch.

IN DER KULTUR: Die Nachtigall als Symbol der verhängnisvollen Liebe habe ich schon früh in einem Märchen der Gebrüder Grimm kennengelernt. Meine Mutter las mir immer aus dem großformatigen, aber nicht besonders dicken Buch vor. „Jorinde und Joringel" erzählt die Geschichte von der bösen Hexe, die das titelgebende Liebespaar voneinander trennt, indem sie Jorinde in eine Nachtigall verwandelt und in ihrem Schloss mit 7.000 anderen verwunschenen Jungfrauen gefangen hält. Joringels Herz ist gebrochen, und er fleht die Hexe an, Jorinde freizulassen – ohne Erfolg. Erst als er eine blutrote Blume mit einer Perle in der Mitte findet, kann er seine Jorinde und auch die anderen Jungfrauen retten.

Das Märchen erschien neu illustriert von der Künstlerin Paula Schmid 1978 im Middelhauve-Verlag in Köln. Als 5-Jährige faszinierte und gruselte mich das Buch zugleich. Die Bilder waren ausdrucksstark, ein wenig dunkel wie auch das Märchen, und wirkten toll verwunschen. Paula Schmidt lebt heute in Berlin, wie ich durch meine Recherchen herausgefunden habe. Als ich sie fragte, ob ich ihre Bilder für das Buch nutzen darf, hat sie schnell und unkompliziert zugesagt und mir ein Exemplar zugeschickt. Da habe ich mich super gefreut. Danke, liebe Paula.

Bei meiner Oma und meinem Opa hörten meine Schwester und ich alte Schallplatten. Das Lied „Sing, Nachtigall sing" aus dem Jahr 1941 von Evelyn Künneke war mein liebstes. In dem großen Wohnzimmer mit den schönen alten Möbeln und den Porzellan-Papageien spielte ich das Lied wieder und wieder. Dabei sah ich aus den großen Fenstern in den großen verwunschenen Garten meiner Großeltern im Westen Kölns, wo meine Oma Luzi, nach der ich meine Tochter benannt habe, den schönsten Rosengarten angepflanzt hatte. Ganz nach dem Gedicht „Die Nachtigall" von Theodor Storm (1856).

Evelyn Künneke forderte in dieser Ballade die Nachtigall auf, ihr Liebesglück doch bitte zurückzusingen: „Als den Liebsten ich besessen, sangst du süß und bang; Seit der Liebste mich vergessen, schwiegst du so lang – Ach, sing, Nachtigall, sing ein Lied aus alten Zeiten; Bring, Nachtigall, bring mein Glück zurück."

Passenderweise war auch Evelyn Künneke eine echte Berlinerin, wie auch so viele Nachtigallen. In der Charlottenburger Giesebrechtstraße 5, wo sie in der Wohnung ihres Vaters bis zuletzt gelebt hatte, erinnert heute eine Gedenktafel an sie. Ich bin mir sicher, dass im April nicht weit entfernt auch wieder ein Nachtigall-Männchen bei Tag und Nacht für seine zukünftige Partnerin singen wird.

DIE NACHTIGALL gehört wie das Rotkehlchen zur Familie der Schnäpperverwandten. Auch das Rotkehlchen singt oft und gerne nachts. Die Nachtigall ist aber vom Aussehen her unauffälliger als das Rotkelchen. Große schwarze Augen, eine braune Oberseite, rostroter Schwanz und Bürzel. Die Unterseite ist graubeige.

THEODOR STORM: DIE NACHTIGALL (1856)

Das macht, es hat die Nachtigall
Die ganze Nacht gesungen;
Da sind von ihrem süßen Schall,
Da sind in Hall und Widerhall´
Die Rosen aufgesprungen.
Sie war doch sonst ein wildes Blut;
Nun geht sie tief in Sinnen,
Trägt in der Hand den Sommerhut
Und duldet still der Sonne Glut
Und weiß nicht, was beginnen.
Das macht, es hat die Nachtigall
Die ganze Nacht gesungen;
Da sind von ihrem süßen Schall,
Da sind in Hall und Widerhall
Die Rosen aufgesprungen.

Fly home like an Albatross

HAWAII

Ende 2016 waren Antonia und Philipp beim Naturfilmfestival Greenscreen in Eckernförde eingeladen. Sie machten sich wie immer eine gute Zeit und saßen gemütlich am Strand; und hätten fast die Preisverleihung verpasst, bei der Antonia mit einem Film als beste Reportage nominiert war. Sie hat sogar gewonnen und ist mit schmuddeliger Jeans und schwitzigem Hemd auf die Bühne. Und was hat das jetzt mit dem Albatros zu tun? Nun ja, eins nach dem anderen ...

Wir haben aber nicht nur am Strand gelegen. Das Hauptziel neben dem Award war einem bestimmten Redakteur aufzulauern, dem ich einen Film über Hawaii pitchen wollte. Für mich ein wichtiges Meeting, wollte ich doch unbedingt den Film verkaufen und den Redakteur mit meinem Charme und Wissen überzeugen. Als ich den Redakteur nach dem Event abgefangen hatte, stand Philipp daneben und hätte mir um ein Haar fast die Tour vermasselt. Ich redete auf den Redakteur ein wie toll Hawaii sei und warum genau ich die richtige Regisseurin für diese Filme war, als mich Philipp unterbrach und tatsächlich fragte: „Warst du denn schon einmal auf Hawaii?" Ich ignorierte Philipps Frage, denn ich war zuvor noch niemals auf Hawaii gewesen, was ich den Redakteur nicht spüren lassen wollte. Bis heute müssen wir Tränen über diesen Moment lachen. Es ist eine von vielen Erinnerungen unserer Zusammenarbeit, die unvergessen bleiben.

Ich bin dann tatsächlich nach Hawaii geflogen, trotz Philipps Fauxpas auf dem Festival. Ende 2017 an Neujahr machte ich mich mit dem weiblichen Part meiner Familie auf: mit meiner Schwester und ihrer Tochter, meiner Mutter, meiner Patentante und natürlich meiner Tochter. Ich war beauftragt, einen Film über die Insel Oahu zu produzieren, und einen weiteren über Papahānaumokuākea, das zweitgrößte Naturschutzgebiet der Erde.
Als eine seiner letzten Amtshandlungen hatte der gebürtige Hawaiianer Ex-US-Präsident Barack Obama Ende 2016 die 1,5 Millionen Quadratkilometer große Fläche ausgewiesen und damit ein Meeresschutzgebiet erschaffen, welches nicht nur der Natur und Tierwelt zugute kam, sondern auch ein Geschenk an die Ureinwohner Hawaiis war, die das Meer vor ihren Inseln als heiligen Ort ansehen. Um die 14 Millionen Vögel nutzen Papahānaumokuākea jedes Jahr für die Futtersuche, als Brutstätte und Rastgebiet oder als Stop-Over während des Zuges. Das Schutzgebiet mit seinen Atollen und Korallenriffen ist Rückzugsort für seltene Tiere wie die Grüne Meeresschildkröte oder die nur hier vorkommende Hawaii-Mönchsrobbe oder aber die Nēnēgans, auch Hawaiigans genannt. Der Laysanalbatros (Mōlī auf Hawaiianisch) ist wohl der bekannteste gefiederte Bewohner. 95% der weltweiten Population brütet hier. Die größte Laysanalbatros-Kolonie der Welt mit 1,7 Millionen Individuen. Unter ihnen auch Wisdom, ein 70-jähriges Albatros-Weibchen. Sie ist der älteste bekannte und beringte Wildvogel der Erde und hat auch 2021 noch auf dem Midway-Atoll, der Hauptinsel Papahānaumokuākeas, ein Küken aufgezogen. Das muss man sich mal vorstellen. Die Tollste und Älteste! 1956 wurde Wisdom beringt. Damals war Midway ein Militärstützpunkt der US-Navy. Seitdem kommt die Albatrosdame jedes Jahr aufs Neue zu ihrem Nistplatz hinter den alten Navy-Baracken um zu brüten. Dann wartet sie auf Akeakamai, ihren Partner seit ca. 2012. Laysanalbatrosse sind monogam und Wisdom hat durch ihr hohes Alter schon mehrere Albatrosmännchen hinter sich gebracht, nehme ich an. 2022 ist ihr 36. Küken im Sommer aufs offene Meer gestartet. Ich hoffe, dass es mit ca. vier Jahren wieder nach Papahānaumokuākea zurückkommt, um für sich selbst einen Partner oder eine Partnerin fürs Leben zu finden.
Denn nicht alle Laysanalbatrosse werden so alt wie Wisdom. Viele Jungtiere verunglücken auf hoher See an Langleinen-Fischerei oder aber verenden am Plastik, das sie von ihren Elterntieren gefüttert bekommen. Jedes Jahr werden mehr als 50 Tonnen Plastikmüll auf die Inselkette gespült. Papahānaumokuākea liegt inmitten des Einzugsgebietes des „Great Pacific Garbage Patch", einer großflächigen, hohen Konzentration von schwimmendem Plastikmüll im Nordpazifik. Der Filmtrailer „Midway" von Chris Jordan veranschaulicht die Auswirkungen dieser Umweltsünde auf die Laysanalbatrosse. Es ist so traurig, wie viel Schaden wir Menschen durch unser Verhalten auch tausende von Meilen entfernt anrichten können. Als ich den Trailer 2015 zum ersten Mal sah, war ich betroffen und musste richtig weinen. Wie so oft vor meinem Cutter und guten Freund Christoph, der mir das Vi-

Jeden Tag bin ich dankbar für meinen Job als Filmemacherin und gehe die Themen an, die mir wichtig sind.

KAMERAMANN FRIDO und Antonia bei den Dreharbeiten auf Oahu 2018. Ein Paradies auf Erden, wenn man Wellen, Meerestiere und Vögel liebt wie Antonia.

DAS VERTIKALE HALSSTRECKEN IST EINE DER TYPISCHEN BALZPOSEN.

NUR BEIDE ELTERNVÖGEL zusammen sind in der Lage, einen Jungvogel bis zum Zeitpunkt des Flüggewerdens zu ernähren. Laysanalbatrosse legen nur ein Ei. Das Küken bzw. der Jungvogel ist nach rund 165 Tagen flügge.

deo gezeigt hat und mit dem ich schon viele traurige, aber auch wichtige Themen bearbeitet habe.
Auch auf den Inseln lauern neue Gefahren für die Seevögel. Mittlerweile gibt es Hausmäuse auf Midway, die auf die Gelege aus sind und die Albatrosseltern attakieren. Da die Vögel partout das Nest nicht verlassen und die Mäuse mit ihren Flügeln nicht verjagen können, kann so ein Angriff tödlich für sie enden. Ein Problem, auch für andere Arten, nicht nur für die Albatrosse. Nachdem zum Beispiel 1930 nur noch ein Weibchen und wenige Männchen der Laysanente auf der Insel Laysan vorkamen, erholte sich der Bestand und wird nun durch Auswilderungsmaßnahmen auf andere Inseln des Schutzgebietes unterstützt. Die Enten stehen unter ständiger Beobachtung von Volontären. Eine eingeschleppte Grippe könnte ausreichen, und die gesamte Art würde aussterben.

Ich hatte mich sehr gefreut, einen Film über Papahānaumokuākea und seine Hauptinsel Midway zu machen. Am meisten freute ich mich auf die Albatrosse. In der Tradition der Native Hawaiians besitzen die Vögel, die am höchsten und längsten fliegen, das meiste Mana (spirituelle Kraft). Federschmuck aus Albatros-Federn war daher nur den hawaiianischen Königinnen und Königen vorbehalten. Dabei blieb es aber leider nicht.
Ihre Federn waren der Grund, warum Albatrosse Ende des 19. und Anfang des 20. Jahrhunderts zu Millionen getötet wurden. Der Weltmarkt boomte. Federpflücker machten sich auf zu den Brutkolonien im Nordpazifik, wo Millionen von friedlichen Albatroseltern auf ihren Nestern saßen und sie auch nicht verließen, wenn die Menschen sich ihnen näherten. Ohne Gegenwehr wurden sie erschlagen und ihre Küken zum Verhungern zurückgelassen. Dann rupfte man ihnen von ihren 15.000 Federn nur die Flugfedern und ein paar besonders kostbare Daunen aus. Später kamen die Eiersammler und sammelten ungestort die Brutkolonien leer. Die Albatroseier wurden für den Albumin-Druck gebraucht, das bei weitem am häufigsten verwendete Druckverfahren des 19. Jahrhunderts. Für die Herstellung des Papiers nutzte man das Ovalbumin-Protein der Vogeleier. Allein 1909 wurden ca. 300.000 Laysanalbatrosse auf der gleichnamigen Insel Laysan im heutigen Schutzgebiet abgeschlachtet.
Und wenn du einmal, wie ich, fürsorgliche Laysanalbatroseltern bei der Brut beobachtet hast, wie sie gemütlich leise mit ihrem Ei reden, und sich bei der Übergabe des Brütens begrüßen, und manchmal gegenseitig sogar liebevoll vom Ei wegstoßen müssen, weil sie das Ei nicht verlassen möchten, dann schmerzt das Wissen um ihre Geschichte besonders. Manche Albatrosarten wie die Kurzschwanzalbatrosse haben sich bis heute nicht erholt.
Leider kam es dann letztendlich nie zu Filmarbeiten auf Papahānaumokuākea. Als ich 2017 die Dreherlaubnis beantragen wollte, hatte der neue Präsident Donald Trump schon übernommen und überprüfte alle Nationalparks in den USA auf ihre „Gültigkeit“. Besonders die Meeresschutzgebiete wurden neu bewertet. Unter welchen Kriterien genau konnten mir die US-Behörden nicht sagen, aber einem Dreh wurde nicht zugestimmt.

Die Laysanalbatrosse bekam ich aber dann zum Glück auch zu Gesicht. Zum Ende unserer Dreharbeiten über die Insel Oahu machten mein Kameramann Frido, unser lokaler Assistent Sam und ich uns auf zum Ka'ena Point an der westlichen Spitze Oahus. Neun Kilometer wanderten wir zur einzigen Kolonie auf der Insel. Das Vogelschutzgebiet ist nur zu Fuß erreichbar (glücklicherweise) und durch einen Zaun vor Katzen und anderen möglichen Nestfeinden geschützt. Es war windig, trocken und heiß. Als wir mit all unserem angeschleppten Kameraequipment ankamen, waren wir völlig fertig. Aber es lohnte sich.
Die Laysanalbatrosse dort so auf ihren Nestern sitzen zu sehen war so ein friedliches und schönes Bild. Bei manchen Vögeln waren die Küken schon geschlüpft und wenn ein Albatros sich erhob, sah man das kleine Jungtier in der Sandkuhle.

AUF OAHU an der so genannten North Shore fliegt ein Albatross durch die Luft über der Waimea Bay. **IN DIESER BUCHT** wurde übrigens das sogenannte Big-Wave-Surfing geboren, und im Winter treffen sich hier die besten Wellenreiter der Welt.

MEHR ALS 300.000 ALBATROSSE sterben jährlich durch Treibnetze, Langleinen-Fischerei und Plastik. Bei jährlich schätzungsweise 200 Millionen ausgebrachten Haken sind mittlerweile alle 21 Albatrosarten gefährdet oder akut vom Aussterben bedroht.

Das Elterntier kommunizierte leise mit dem weißen Federknäuel und liebkoste und kraulte es mit seinem schönen langen Schnabel. Über uns flogen die Albatrosse elegant durch die Lüfte oder aber stapften über die Dünen.

Besonders bei den ungelenken Bewegungen an Land kam mir der Albatros Orville des Walt Disney Films „Bernard und Bianca – Die Mäusepolizei" von 1977 in den Sinn. Orville befördert die beiden Mäusedetektive in einer Sardinendose auf seinem Rücken geschnallt zu der bösen Madame Medusa nach Louisiana in die Sümpfe. Die Abflugszene von Orville auf den Dächern eines Manhattaner Hochhauses ist sehr lustig. Wie auch die Albatrosse von Ka'ena braucht Orville mit seinem lila Schal und der Fliegerbrille eine lange Startbahn, um die nötige Geschwindigkeit fürs Abheben zu bekommen.

IN DER KULTUR: 2021 musste ich wieder an die sanften Laysanalbatrosseltern vom Ka'ena Point denken, als ich das folgende Trauergedicht von Unbekannt las:
„Als der Regenbogen verblasste
da kam der Albatros
und er trug mich mit sanften Schwingen
weit über die sieben Weltmeere.
Behutsam setzt er mich
an den Rand des Lichts.
Ich trat hinein und fühlte mich geborgen.
Ich habe euch nicht verlassen,
ich bin euch nur ein Stück voraus."
Der Albatros wird auch Nomade der Meere genannt, weil er den Großteil seines Lebens allein über den weiten Ozean gleitet. In jungen Jahren kommt er zwei bis vier Jahre nicht an Land. Er schwebt dann bei Tag und bei Nacht majestätisch über den hohen Wellen des Pazifiks und fischt auf offener See.
Diese selbstgewählte Einsamkeit war wohl auch die Inspiration für den Song „Seabird" von der US-Band „Alessi Brothers". Die Zwillinge Bill und Bob Alessi besingen hier die Geliebte, die wie ein einsamer Seevogel lieber allein über den weiten Ozean fliegt, als nach Hause zum Geliebten zurückzukehren.
„[Chorus]
Seabird, seabird
Fly home
Seabird, seabird
Fly home
Like a lonely seabird
You've been away from land too long
Aw, too long"
(VON DEN ALESSI BROTHERS, 1976)

Kommen die Laysanalbatrosse zurück zu ihrem Brutgebiet, suchen sie ihren Lebenspartner bzw. Lebenspartnerin und beginnen den Paarungstanz. Auch das durfte ich live beobachten und es ist herzerwärmend. Die beiden Vögel stehen sich dann gegenüber und tanzen synchron. Es gibt 25 Stellungen und dazu natürlich auch die passenden Rufe, die sich ein wenig anhören wie Geburtstags-Tröten. Sie recken den Hals und strecken den Schnabel gen Himmel, dann schwingt der Kopf ruckartig unter den rechten Flügel, danach werden die Schnäbel liebevoll gegeneinander gestupst. Wir haben den Vögeln stundenlang bei ihrem Paarungstanz zugeschaut, bevor wir uns zu Fuß auf die Rückreise durch die windige Küstenlandschaft West-Oahus gemacht haben.

UNVORSTELLBAR

Bei all der Scheiße, die wir hier auf der Welt veranstalten, ist es doch ein Wunder, dass überhaupt noch ein einziger Laysanalbatross überlebt hat. Immerhin verbringt der Vogel sein halbes Leben auf dem offenen Meer. Ein Individuum fand den Weg zum Beispiel von den Philippinen zurück auf die Hawaiianischen Inseln. Das ist eine Reise von ungefähr 6.630 Kilometern. Ohne Kompass oder andere Hilfsmittel. Da können wir Menschen mal nach Hause gehen.

Tempelhofer Freiheit mit Feldlerchen

VOLLER FREUDE

Während Antonia Hawaiis Vögel kennenlernte, starteten Philipp und Dieter den Hausumbau in Brandenburg. Natürlich musste die Sanierung Rücksicht auf alle noch so kleinen Vogelspuren nehmen, die Philipp am und ums Haus herum gefunden hatte. Als Dorfkind kannte er das Landleben – aber Brandenburg unterschied sich mit den trockenen sandigen Böden sehr von den feuchten grünen Gärten im Westen. Feldlerchen traten aber nicht erst in Brandenburg in sein Leben – sondern schon früher.

PHILIPP

In meiner Erinnerung ist die Feldlerche schon immer ein seltener Vogel. Ich verbinde mit ihr viele Dinge. Noch bevor ich an ihr Äußeres denke, habe ich einen Lebensraum vor Augen, für den die Feldlerche steht wie kaum ein anderer Vogel in unseren Breiten: weite Felder, Äcker bis zum Horizont und vor allem trockene Wiesen. Ich bin als Dorfkind zwischen all dem groß geworden. Meine Schulfreunde waren Bauernkinder, wir haben endlos wirkende Sommerferien zwischen Mais und Weizenfeldern verbracht. In Vogelbüchern las ich über die Feldlerche. Ich wusste, wie sie aussah, dass sie ihren zwitschernden Gesang im Flug, hoch am Himmel taumelnd, vorträgt und nicht wie viele andere Arten von einer Singwarte oder einer Baumkrone herab singt. Ich wusste, dass es noch andere Lerchen in Mitteleuropa geben sollte, Haubenlerche, Heidelerche, und ihre Unterscheidung auf den ersten Blick schwierig ist, da selbst die Feldlerche bei Erregung eine kleine Haube aufstellen kann und von daher Verwechslungsgefahr mit anderen Lerchen besteht.

Das alles wusste ich aus Büchern. Die Gelegenheit, die einst überall verbreiteten Lerchen-Arten in der Natur zu vergleichen, bekam ich in meiner Kindheit nie. Selbst die häufigste Lerche Deutschlands, die Feldlerche, habe ich bei uns draußen auf dem Land zwischen Wiesen und Feldern nie gesehen. Auch später, so mit 13 oder 14, als ich mit Fernglas und Vogelbuch bewaffnet ganz gezielt Exkursionen zu ornithologischen Hotspots in Norddeutschland machte, kam sie mir nicht oft unter. Riesige Schwärme von Wacholderdrosseln sah ich häufig, Kiebitze gab es sogar auf einer Wiese auf dem Weg von unserem Dorf in die Stadt und sogar Rotschenkel beobachtete ich im Naturschutzgebiet. Doch die Feldlerche fehlt in meiner Erinnerung.

Wenn ich zurückdenke an diese Kindheit und Jugend, in der ich mit dem Rad durch die Felder zum verhassten Fußballtraining fuhr oder nach den erledigten Hausaufgaben zu meinem besten Schulfreund, der Sohn eines Schweinemästers war, so muss ich heute sagen: Es war still. Kein Vogel sang draußen auf dem Feld. In meiner Erinnerung sind die Wälder laut, voller Buchfinken und Kleiber, und die Gärten mit ihren Amseln und Singdrosseln tönen in meinem Kopf, als wäre es erst ein paar Tage her, nicht schon zwanzig Jahre. Aber die offene Landschaft, die Wiesen und Äcker, sie waren still. Ich erinnere mich an die Begegnung mit einem Feldhasen, der einmal meinen Weg kreuzte, als ich mit meinem Fahrrad in hohem Tempo einen Hügel hinabfuhr, wie dreizehnjährige Jungs das eben so machen. Die Vollbremsung holte mich vom Rad, ich flog über den Lenker und landete im Graben, schürfte mir die Knie auf. Aber solche Erlebnisse waren sehr, sehr selten. Heute weiß ich: Meine Erinnerung aus den 90ern und frühen 00er-Jahren passt zu dem, was Ornithologinnen und Ornithologen später schmerzhaft feststellen sollten.

Ich war unwissend Zeitzeuge, dass die Bestände der Vogelarten der Offenlandschaft bereits voll im Begriff waren, dramatisch einzubrechen.

IN DER KULTUR: Dabei ist es gerade die Lerche, die über Jahrhunderte so eng mit dem Landvolk verbunden war wie kaum eine andere Singvogelart. In Geschichten und Liedern schwingt sie sich mit ihrem fröhlichen Gesang über die Felder und Wiesen und verkündet allen, die noch daran gezweifelt hatten: Jetzt aber echt – jetzt ist er wirklich da, der Frühling.

„Die Lerche schwingt sich in die Luft,
Das Täublein fleugt aus seiner Kluft
Und macht sich in die Wälder.
Die hochbegabte Nachtigall
Ergötzt und füllt mit ihrem Schall
Berg, Hügel, Tal und Felder!
Berg, Hügel, Tal und Felder.
– aus dem geistlichen Lied „Geh aus, mein Herz, und suche Freud“
(VON PAUL GERHARDT, 1653)

Alle Lerchen-Arten, die bei uns vorkommen, sind in ihren Beständen in den vergangenen Jahrzehnten geschrumpft. Es ist schrecklich still geworden in unserer offenen Landschaft.

LERCHEN SIND typische Bewohnerinnen des Offenlandes. Bevor der Mensch die Landschaft mit Äckern und Feldern bewirtschaftete, waren Lerchen ausgeprägte Steppenvögel. Neben der Feldlerche (rechts) kommt in Brandenburg die Heidelerche (links) noch vor. Ihre Gesänge unterscheiden sich deutlich.

FELDLERCHEN BRÜTEN auf dem Boden – doch immer häufiger beginnen Bauern früher im Jahr mit der Mahd, als noch vor einigen Jahrzehnten. Das wird den Lerchen zum Verhängnis. Wiesen und Weiden gibt es insgesamt immer weniger.

Und während das Männchen hoch oben singt, immer der Sonne entgegen, begutachtet das Weibchen am Boden bereits die Grasbüschel, die sich eignen könnten, um unter ihnen in einer Mulde ein einfaches Nest zu bauen, für die vier bis fünf gefleckten Eier. Wenn dann früher die Bauern mit der Sense kamen, um die erste Mahd vorzunehmen, im Juni, wenn das Gras hoch genug war für saftiges Heu, dann waren die kleinen Feldlerchen längst ausgeflogen und übten das Fliegen und vielleicht sogar schon das erste Lied in hoher Luft.

Doch heute kommt niemand mehr mit der Sense – und im Juni ist die erste Mahd längst geschehen. Mit schweren Maschinen, die alles kleinmähen, das ihnen unter die Schneideblätter kommt. Auch Feldlerchen-Küken oder brütende Mütter, die sich reflexartig bei Gefahr ducken, um ihr Gelege zu schützen, und nicht vor dem todbringenden Monster fliehen. Im Leben nicht würden sie ihr Gelege aufgeben. Dann schon eher sterben.

Solche Dramen spielen sich heute Frühjahr für Frühjahr ab – aber auch nur dort, wo es überhaupt noch Wiesen gibt. Denn von den Weide- und Wiesenflächen, die es noch in den 1950er Jahren gab, sind heute in Deutschland nur ganze zwei Prozent übrig. Der Rest ist im Laufe der Jahrzehnte verschwunden: umgewandelt in Ackerland. Ackerland mit Mais, kilometerweite Weizenfelder oder Raps für die Biogasanlage.

Die Feldlerche hat versucht sich anzupassen. Sie kommt klar mit einzelnen Äckern, sie hat auch nichts gegen das ein oder andere Rapsfeld dazwischen. Eine abwechslungsreiche Kulturlandschaft mag sie ebenso sehr wie Goldammern, Schwarzkehlchen und Rebhühner das tun. Aber es muss Wiesen und Brachen geben. Denn nur dort brütet sie erfolgreich, nur dort kann sie ihre Jungen aufziehen. Die Feldlerche hat sich über Jahrtausende der Evolution angepasst, sie brütet am Boden, ein Nachteil natürlich gegenüber baumbrütenden Arten, aber es hat immer funktioniert. Jahrhundertelang hat es funktioniert – bis vor Kurzem.

Doch was ist passiert? Warum gibt es keine Wiesen mehr? Die Umwandlung in Äcker für mehr Getreide und Biomasse, einerseits für Biogasanlagen, aber außerdem für die gestiegene Nachfrage an Viehfutter, ist eine Antwort.

Die andere hat auch etwas mit dem Vieh zu tun: Weideland, auf dem Kühe das ganze Jahr stehen können, gibt es kaum noch. In der modernen Landwirtschaft stehen Kühe in Ställen; und wenn sie Glück haben, sind sie dort nicht angebunden, sondern dürfen sich im Stall frei bewegen. Sogenannte Offenställe sind modern geworden – in ihnen bekommen die Tiere wenigstens frische Luft. Aber die Weidehaltung, die über lange Zeit die Landwirtschaft geprägt hat, ist heute ineffizient. Geld verdienen geht schneller über Stallhaltung, mit zugekauftem Futter. Eigenes Heu und somit Wiesen bedeuten nur zusätzliche Arbeit. Und wo es keine Wiesen mehr gibt, fehlt die Feldlerche. Wie übrigens auch das Rebhuhn oder das Schwarzkehlchen. Das war in meiner Kindheit in den 90ern bereits so – und das ist heute nicht anders. Im Vergleich zu den 1970er Jahren ist der Bestand der Feldlerche massiv eingebrochen. Rebhühner habe ich hier und da mal gesehen als Kind, doch auch das ist schon mehr als zwanzig Jahre her. Schwarzkehlchen sitzen heute ab und zu auf dem Durchzug hinter unserem Haus in Brandenburg auf den Zaunpfählen der Pferdekoppel: eine kleine Oase mit Trockenrasen und Tieren, die die Flächen offenhalten.

Ich hatte also eine Kindheit voller Wiesen und Felder, aber ohne Feldlerchen. Umso erstaunter war ich dann, dass ich bewusst meine ersten Feldlerchen an einem Ort beobachten konnte, an dem ich mit allem gerechnet habe, nur nicht mit ihnen: mitten in Berlin, auf dem ehemaligen Flugplatz Tempelhof. Ich bin mit 19 Jahren nach Berlin gezogen, es war der erste Sommer, an dem der Flughafen nicht mehr betrieben wurde und das erste Mal durften die Berlinerinnen und Berliner für einen Tag aufs „Feld", wie sie bis heute schlicht sagen und wie auch ich es immer noch sage.

←16A-20A
26

Das Tempelhofer Feld hieß damals noch „Tempelhofer Freiheit“ und die Weiternutzung wurde heiß diskutiert. Sollte es ein öffentlicher Park werden, eine wilde Fläche für alle bleiben oder sollte es gar komplett bebaut werden? Mehr als 300 Hektar freie Fläche, mitten in der Stadt – konnte eine stetig wachsende Metropole wie Berlin sich das leisten? Wohnungsnot und Gentrifizierung waren schon damals ein Thema. Letztendlich sollten die Berlinerinnen und Berliner selbst entscheiden, aber in jenem Sommer 2009 war ein solcher Volksentscheid noch in weiter Ferne. Ich erinnere mich, wie ich das erste Mal auf dem Flugfeld spazieren ging. An jenem Tag im Sommer wusste ich noch nicht, dass dieser Ort für mein Leben in Berlin eine große Bedeutung haben würde. Bis heute ist das Tempelhofer Feld zusammen mit dem Landwehrkanal einer meiner Lieblingsorte in Berlin.

An diesem Tag also knallte die Sonne sengend heiß vom Himmel, kein Baum weit und breit, nur Gras und weite Flächen zwischen den Rollbahnen. Ein typisches Flugfeld eben. Die Luft flackerte vor Hitze auf dem Teer des Flughafens. Dann mischte sich ein Geräusch in den Sound der fernen Stadtautobahn, die man am Horizont des Tempelhofer Feldes sieht. Am blauen Himmel über mir flog eine Feldlerche, die taumelnd ihren Gesang vortrug. Ich konnte es erst nicht fassen und musste wieder und wieder hinaufsehen. Mit der Zeit entdeckte ich mehrere singende Lerchen und auch auf einer Wiese zwischen den Flugbahnen stellte ich reges Treiben fest. Die Vögel waren nicht scheu, manchmal flogen sie vor einem auf. Und als ich sie einmal entdeckt hatte, heftete sich mein Orni-Blick an sie und ich erspähte mehr und mehr. Zwar mag es sein, dass meine Fähigkeit, Vögel zu erspähen und zu bestimmen, in der Pubertät ein wenig eingeschlafen war, ich mit 15 oder 16 andere Hobbys gehabt hatte – aber in diesem Moment war alles wieder da. Es waren Lerchen, eindeutig, viele Lerchen.

Ein Schild am Rande einer Wiese bestätigte es mir. Dort wurde erklärt: Hier brüten Feldlerchen, bitte nicht die Wiese betreten, oder so etwas Ähnliches. Was die Vögel auf dem Land nicht mehr finden, fanden sie hier, mitten in Berlin, plötzlich vor. Seit jenem Sommertag habe ich die Feldlerchen auf dem Tempelhofer Feld in Berlin unzählige Male beobachtet und ihrem Gesang gelauscht.

Ich saß sturzbetrunken mit Freundinnen auf einer Picknickdecke, ich war mit meinem Hund dort spazieren, ich habe wichtige Telefonate dort geführt. Doch nie war ich allein, immer waren die Feldlerchen mit mir. Es ist ein wunderbares Gefühl, das zu wissen – zu merken, dass man nicht alleine ist. Mich beruhigt das an dieser Vogel-Leidenschaft immer wieder. Ich konnte dort stundenlang sitzen, Sekt trinken, Chips essen, mit meinen Freunden über alles und jeden reden. Dass kein Aufenthalt dort verging, ohne dass ich die Lerchen wahrgenommen und am Himmel beobachtet habe, weiß bis heute niemand meiner Freundinnen und Freunde. Vielen fällt ihr besonderer Gesang noch immer nicht auf.

REGELRECHTE MASKOTTCHEN sind die Feldlerchen inzwischen auf dem ehemaligen Flughafen Tempelhof geworden.

FÜR DEN MOMENT

Genau das sind die kleinen Freuden und das große Glück am Vögelbeobachten: Für einen kurzen, einsamen Moment ist man einfach nur froh, lächelt still in sich hinein und steigt wieder in die Unterhaltung ein. Und keiner hat etwas gemerkt. Es berührt mich bis heute jedes Mal aufs Neue, die Vögel dort zu treffen. Beim Volksentscheid über die Zukunft des Tempelhofer Feldes habe ich übrigens gegen die Bebauung gestimmt. Und soll ich mal ganz ehrlich sein? Eigentlich nur wegen der Feldlerchen.

MITEINANDER REDEN

Den Feldlerchen helfen

Die Feldlerche ist kein Gartenvogel, für den man einfach einen Nistkasten aufhängt und schon wäre ihr geholfen. Falls du auf dem Land wohnst, kannst du dennoch etwas für sie und andere Wiesenvögel tun. Solltest du bei dir in der Nähe Feldlerchen beobachten, versuche herauszufinden, wem die Flächen gehören oder wer sie mäht. Versuche einen Kontakt aufzubauen – oft freuen sich Landwirtinnen und Landwirte sogar.

Der Ton macht die Musik. Bitte denkt immer daran, dass Landwirtinnen und Landwirte auch nur Teil eines Systems sind, und wenn jemand eine Wiese mäht, macht er oder sie das ja nicht, um möglichst viele kleine Feldlerchen-Jungvögel zu töten. Viele wissen gar nicht, dass es manchmal nur kleiner Schritte bedarf, um großes Leid zu verhindern. Und manchmal freuen sie sich dann sogar, wenn sie Teil einer guten Tat sein dürfen.

Erklärt den Verantwortlichen, dass es oftmals schon reichen würde, die erste Mahd um wenige Wochen zu verschieben. Bei Philipp auf dem Dorf hat das super geklappt: Die Wiese, auf der Feldlerchen brüten, wird von Philipps Nachbarn gepachtet. Somit konnte ein Kontakt zum Landwirt, der die Flächen mäht, aufgebaut werden. Der Landwirt ruft nun jedes Jahr im Frühjahr an und fragt, ob er schon dürfe. Philipp sagt dann immer nein, noch nicht – und versucht den Zeitpunkt zwischen der ersten und der zweiten Brut abzupassen. Probiert also, Kontakt zu den Flächenbesitzerinnen und -besitzern aufzubauen. Reden hilft.

Grüne Sittiche – laute Jecke

ZURÜCK IN KÖLN

Mitte 2018 trennten sich die Wege von Antonia und Philipp. Antonia zog mit ihrer Tochter zurück nach Köln und Philipp blieb in Berlin und Brandenburg. In Köln eine Wohnung zu finden ist noch auswegloser als in Berlin – aber Antonia hörte von einer schönen Wohnung direkt am Stadtgarten. Natürlich zögerte sie nicht und griff zu, ohne die Räume gesehen zu haben. Von den grünen Mitbewohnern, die bald ihren Balkon belagern würden, ahnte sie noch nichts.

Im Juli 2018 zogen wir nach zwölf Jahren zurück nach Kölle am Rhing. Nach der ersten heißen Sommernacht in der neuen Wohnung bestätigte sich, was ich vermutet hatte: Im Stadtgarten leben Halsband- und Alexandersittiche. Erstmals hatte ich sie im zarten Alter von 20 Jahren bei meinen Eltern im Garten gesichtet und befürchtet, den Verstand verloren zu haben. Da saßen doch tatsächlich drei amselgroße, grüne Papageien auf unserem Walnussbaum vor meinem Kinderzimmer – richtige Papageien. Seitdem gehörten die Vögel und ihre Rufe zur Stadt am Dom wie der alljährliche Karneval.

In Köln leben Papageien frei. 2022 zählte der NABU 3.912 Halsband- und Alexandersittiche in Köln. Sie sind sogenannte Neozoen. Die ersten von ihnen entflohen wohl Mitte der 60er Jahre einem Züchter und konnten aufgrund des milden Klimas entlang des Rheins eine Kolonie bilden. Unsere Sittiche stammen laut genetischen Analysen aus Nordindien. Doch es gibt andere Unterarten auch in Westafrika bis hin in den Südsudan.

Heute fliegen bestimmt 30.000 Tiere in 25 Städten entlang des Rheins, ca. 20 davon hängen gerade in diesem Moment auf meinem Balkon am Stadtgarten ab. Schaue ich jetzt aus meinem Fenster im dritten Stock, klettert ein Halsbandsittich-Männchen an meinem Futterspender entlang und beißt in das von mir aufgehängte Apfelstück. Daneben sitzt ein großer Alexandersittich.

Der Halsbandsittich ist kleiner und die Männchen haben eine schwarze Kehle, von der sich ein schwarz-rosarotes Halsband bis in den Nacken schlingt. Die Weibchen sind durchgehend grün. Die großen Alexandersittiche sind die Maxi-Ausführung des Halsbandsittichs und damit um 7-15 cm länger. Im Gegensatz zu den Halsbandsittichen hat der Alexandersittich als unverkennbares Merkmal rote Schulterflecken auf den Flügeln und einen komplett roten Papageienschnabel. Beide Arten kommen mich gerne besuchen. Manchmal sitzen bis zu 20 Papageien gleichzeitig auf dem Balkon und bedienen sich am Vogelfutter und den Äpfelchen, die ich aufgehängt habe. In den Wintermonaten kommen die Papageien täglich – essen, sonnen oder streiten sich lauthals. Die Weibchen sind dabei noch rabiater als die Männchen.

Am schönsten ist das leise liebevolle Piepen, Quietschen und Glucksen der Vögel untereinander, wenn sie in ungestörten Augenblicken kommunizieren.

Wer schon einmal Wellensittiche hatte, kennt es vielleicht. Es ist wirklich herzerwärmend. Die Geräusche der grünen Sittiche erwecken bei mir die gleiche Emotion wie das Tschilpen der Spatzen in Berlin. Es erzeugt ein Gefühl von Zuhause.

Im Februar brüten viele Kölner Sittiche in den alten Platanen des Stadtgartens mitten im Belgischen Viertel. Die Papageien lieben Bruthöhlen in großer Höhe. Die sich ständig abschälende Borke der Platanen gibt den Vögeln zusätzlich Schutz und erschwert möglichen Nestplünderern den Zugang. Ich habe die Pärchen aber auch außerhalb der Brutsaison an den Bruthöhlen gesehen. Die Sittiche sitzen dann in der Nähe und schauen nach dem Rechten.

Wenn die Sonne untergeht, sausen sie von allen Richtungen durch die Straßen oder über den Rhein und treffen sich in ihren Schlafbäumen. Zurzeit befinden sich die Schlafbäume an der Rheinuferstraße in Höhe der Deutzer Brücke beim Maritim Hotel, und eine kleinere Gruppe trifft sich in der Nähe des Musical Domes. 2020 war ich im Dezember beim Maritim und es ist wirklich ein grandioses Spektakel, all die Vögel zu sehen, wenn sie als kleine Grüppchen angeflogen kommen. Dann sitzen Halsband- und Alexandersittiche im Baum und unterhalten sich laut miteinander, bis es dunkel ist, und man keinen Piep mehr hört. Kurz vor Sonnenaufgang ziehen die Vögel dann in kleinen Gruppen und Trupps wieder los.

Die Sittiche auf meinem Balkon mögen Äpfel und Sonnenblumenkerne am liebsten. Die Weibchen sind ein wenig mutiger als die Männchen.

ES DAUERT NICHT LANGE bis die klugen Sittiche in Köln einen neuen Futterplatz gefunden haben. Als Antonia das erste Mal einen auf ihrem Balkon sah, war die Welt (endlich) in Ordnung. Seitdem hat sie schon Stunden damit verbracht die geselligen Tiere zu beobachten.

EIN HALSBANDSITTICHMÄNNCHEN in all seiner Farbenpracht. Die Sittiche sind ausgezeichnete Akrobaten in der Luft. Im Sommer sausen sie in Grüppchen durch die Kölner Straßenschluchten auf dem Weg zurück zu ihrem Schlafbaum.

LAUT UND LEBENDIG fliegen sie von Baumkrone zu Baumkrone. Ihr Nest bauen sie bevorzugt in Baumhöhlen von alten Laubbäumen. Wenn sich die Gelegenheit bietet, brüten sie auch kolonieartig nebeneinander, sonst sind aber auch Einzelbruten möglich.

Es gibt gute Gründe für die Auswahl der Schlafplätze. Die Straßenbeleuchtung und Leuchtreklame bieten den Papageien Schutz vor Beutegreifern wie Habicht und Falke. Der Verkehr und die Nähe zu Hausfassaden liefern ihnen Wärme. Und die Nähe zum Rhein bedingt gute Fluchtmöglichkeiten. Im Gegensatz zu früheren Schlafplätzen stören die Kölner Sittiche am Maritim auch keine Anwohner. Denn die Wohnhäuser sind auf der anderen Seite der Rheinuferstraße und sonst grenzt nur noch der Fluss an die Bäume.
Trotzdem beschwert sich ein Gastwirt über den Kot auf dem Gehweg, höre ich. Nicht vor seiner Kneipe wohlgemerkt. Aber die Schlafbäume befinden sich in der Nähe und da muss er seinen Senf abgeben. Warum eigentlich, frage ich mich? Handelt es sich um Xenophobie, Angst vor dem Fremden? Überlieferte Urängste, die in einem primitiven Teil des Gehirns entstehen, der rational keinen Sinn ergibt. Die Stadt Köln hat 2017 auf jeden Fall entschieden, dass die Kölner Sittiche nur zwei Jahre an einem Schlafbaum bleiben dürfen und dann „mit geeigneten Mitteln vergrämt werden." Eine Entscheidung, gegen die sich alle Naturschutzverbände ausgesprochen haben, weil sie dem instinktiven Verhaltensmuster der Sittiche entgegensteht. Ihre Hinterlassenschaften werden von der Stadtreinigung sowieso entfernt.

IN SCHLAFBÄUMEN an der Rheinuferstraße treffen sich die Sittiche, wenn die Sonne untergeht. Ein grandioses Spektakel!

Die Sittiche tun doch niemandem etwas. Im Gegenteil – sie sorgen für staunende Passanten und Touristen und machen Köln noch ein Stück sympathischer.

Sie sind auch kein Problem für unsere heimischen Singvögel, wie es manchmal heißt. Die Höhlen, die sie besetzen, sind zu groß für die kleinen Meisen oder Stare; und mittelgroße Vögel wie Dohle oder Hohltaube brüten später im Jahr und profitieren so eher von den Bruthöhlen der Sittiche als andersherum.
Und wer den meisten Dreck und Lärm macht, ist doch klar: Wir Menschen schmeißen Kippen, Plastikflaschen und Müll auf die Straße und in den Rhein. Pissen und Kotzen an jede Straßenecke, lassen Glasscherben von Bierflaschen rumliegen, beschmieren die Wände, schmeißen alte Fahrräder in den Weiher und machen einen Riesenkrach mit unseren Autos, Zügen, Böllern und Flugzeugen. Aber wehe, ein Vogel macht mal einen Piep oder ein wenig Schmutz an immer der gleichen Stelle.

IN DER KULTUR: Die Sittiche sind auch in der Kölner Musikszene angekommen. So haben 2022 Kasalla und Eko Fresh einen Song rausgebracht mit dem kölschen Titel: „Jröne Papajeie". Sie haben die Vögel damit offiziell zum Stadtmaskottchen gekürt. Und wer lieber dialektfrei hört, der kann mal den Song „Grüne Papageien" von dem Kölner Musiker Maxim hören. Ist ein super Popsong.

VERTRAUTE

Ihre Stimmen erwecken bei mir die gleichen Emotionen wie das Tschilpen der Spatzen in Berlin. Ein Gefühl von Zuhause. Sie unterhalten sich oder streiten lauthals. Die Weibchen sind dabei rabiater als die Männchen. Dann wird wieder gekuschelt und wieder gelärmt. Das ist alles nicht viel anders als bei uns Menschen. Daher frage ich mich, wieso wir uns nicht einfach daran erfreuen, dass diese bunten Vögel mit uns leben. Sie passen doch so gut zum Kölner Stadtjeföhl – bunt, laut und offen.

Sehnsucht nach Pirol

MITTEN INS HERZ

Eines Tages rief Philipp ganz aufgeregt bei Antonia in Köln an und spielte ihr eine Tonaufnahme vor, die er gerade in seinem Garten in Brandenburg gemacht hatte. Es war der Gesang eines Pirols – und wie so manches Mal davor mussten beide vor Glück fast weinen. So groß war die Freude über diese Stimme und den Vogel, der dahintersteckt. Ob weit weg in Köln oder direkt vor der Nase in Brandenburg: Der Gesang traf beide am gleichen Fleck – mitten ins Herz.

PHILIPP

Es gibt Vögel, bei denen man beim Blättern durch ein Vogelbuch einfach hängenbleibt. Meistens liegt das an einer besonderen Farbe oder Gestalt. Arten, von denen du nicht glaubst, sie seien mitten in Europa heimisch. Für mich waren das als Kind immer Pirol, Eisvogel, Bienenfresser und Blauracke. Die Blauracke gilt in Deutschland seit den 1990er Jahren als ausgestorben, auch wenn es im Osten ab und an einzelne Sichtungen gibt – die Intensivierung der Landwirtschaft lässt auch ihr keinen Raum. Sie ist angewiesen auf Großinsekten, die es in unserer intensiv genutzten Kulturlandschaft kaum noch gibt. Eine Blauracke zu sehen, bleibt mein großer Traum. Bienenfresser sind in Deutschland in den vergangenen Jahren auf dem Vormarsch. Es gibt immer mehr Kolonien des wärmeliebenden Vogels mit dem bunten Gefieder. Eisvögel sind nicht selten, auch an sauberen Flüssen und Bächen in Großstädten kann man ihn beobachten, – und doch ist es immer wieder besonders, wenn du die kleinen blauen Blitze über das Wasser schnellen siehst. Bleibt der Pirol. Für viele Vogelbegeisterte ist der Pirol ein Sehnsuchtsvogel.

Als Kind verschlang ich wieder und wieder die Seiten über den Pirol in meinen unzähligen Vogelbüchern. Ich konnte nicht glauben, dass es bei uns solch eine bunte Vogelart geben sollte. Der volkstümliche Name „Goldamsel" kommt nicht von ungefähr. Kein zweiter heimischer Vogel besticht durch solch ein auffallend gelbes Gefieder.
So wie mich bereits als Kind, erfüllt der Pirol viele Ornithologinnen und Vogelbegeisterte mit einer gewissen Sehnsucht, denn der Vogel ist, so auffällig das Gefieder auch sein mag, sehr schwierig zu beobachten. Selbst in Regionen, in denen er nicht selten ist – wie zum Beispiel bei mir im südlichen Brandenburg, wie ich heute weiß – flattert er einem nicht unbedingt vor der Nase herum. Er gehört zu den heimlichsten Arten, die mir je untergekommen sind. Selbst wenn man den Vogel über Stunden singen hört – ihn länger zu beobachten ist nahezu unmöglich. Alle meine Sichtungen waren bis heute komplett zufälliger Natur, ein Überflug, ein Ortswechsel. Wenn ich mich auf die Lauer legte, um ihn zu entdecken, klappte es nie.
Dazu muss ich sagen, dass mir das „auf der Lauer liegen" ohnehin total fremd ist. Deshalb fotografiere ich auch nicht professionell. Ich nehme die Vogelwelt anders wahr, und speichere Beobachtungen anders ab, nicht unbedingt auf einer SD-Karte. Mich befremdet einiges an der Naturfoto-Szene. Gleicht sie doch oft einer Trophäenjagd, letztlich geht es selten um die Vögel und deren Schutz, sondern um das perfekte Foto einer seltenen Art. Auch Institutionen wie der Club 300 sind mir fremd. Der Club 300 schreibt auf seiner Homepage: „Der Club 300 Deutschland ist eine Vereinigung, die passionierten Vogelbeobachtern eine Plattform bietet. Ziel ist es unter anderem, die zügige Weiterleitung von Informationen über das Auftreten seltener Vogelarten hierzulande zu verbessern. Namensgebend war die frühere Vorgabe, mindestens 300 wildlebende Vogelarten im Heimatland beobachtet zu haben. Ähnliche Einrichtungen existieren in mehreren Ländern Europas."
Ziel ist es nicht, seltene Vögel zu schützen, ihre Bestände zu sichern. Naturschutz wird hier mit keiner Silbe genannt. Das fühlt sich alles nicht richtig an, finde ich. Wir dringen doch durch unser ganzes Tun und Handeln als Menschen schon so sehr in die Lebensräume der Vögel ein, wir versiegeln pro Jahr neue Flächen so groß wie die Stadt Cottbus, schreiben Neubaugebiete aus, verspritzen Gift und Dünger in der Kulturlandschaft. Es ist doch so schon eng genug. Warum dann noch für das beste Foto über Leichen gehen? Sicherlich nicht für den Vogel. Sondern eher für das eigene Ego.

Für mich war es immer schon wichtiger, einen Vogel in einem bestimmten Lebensraum zu vermuten, als ihn direkt zu sehen oder fotografieren zu müssen.

Die Färbung des Pirols und sein Gesang führen seit jeher zu einer Sehnsucht unter Vogelbegeisterten.

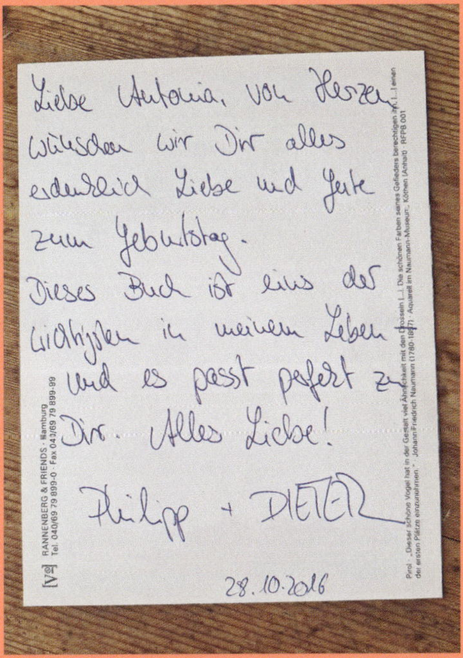

DAS BUCH, das Philipp und Dieter Antonia zum Geburtstag schenkten und das sie auf dieser Postkarte erwähnen, ist übrigens „Von seltenen Vögeln" von Anita Albus. Ein Meisterwerk!

IN BRANDENBURG ist der Pirol, der sonst oft als Vogel ausgedehnter Laubwälder beschrieben wird, eher eng verbunden mit Kulturland: Große, alte Gärten mit alten Bäumen reichen ihm hier in der warmen Lausitz aus.

Ihn vielleicht irgendwann sogar wahrzunehmen – zum Beispiel zu hören – und dann zu versuchen, den Naturraum zu analysieren, in dem ich mich gerade befinde. Dabei zu gucken, was ich tun kann, damit das Ökosystem erhalten bleibt. Das kann übrigens auch der eigene Garten sein oder der Hinterhof in Berlin. Ich brauche kein Beweisfoto oder was auch immer. Es nervt mich, dass es in vielen elitären ornithologischen Clubs letztlich gar nicht um die Vögel und deren Schutz geht, sondern nur um den eigenen Status. Um die eigene Liste, ums Abhaken.
An dieser Stelle sei gesagt: Es gibt auch Ausnahmen! Langsam entwickelt sich auch eine Community, die beides verbindet: Menschen, die z.B. gute Fotos machen, sie bei Instagram hochladen und im Beschreibungstext darauf hinweisen, dass sich die Art im freien Fall befindet oder der Mensch den Lebensraum zerstört. Über so etwas freue ich mich. Die pure Schönheit eines Vogels zu nutzen, fotografiert im richtigen Licht und im richtigen Moment, um auf das große Ganze aufmerksam zu machen. Und nicht nur um einen weiteren Check hinter eine Art auf der persönlichen Bucket-List zu machen.
Aber leider ist das die Ausnahme. Meistens geht es um das Foto, die Resonanz des Publikums und ach wie toll, dass man ihn erwischt hat. Nicht, wie es dem Vogel dabei geht, ob er gerade am Nest gestört wurde oder Ähnliches.

> Reißen Eulen auf Fotos ihre beeindruckenden Augen weit auf, sollte man skeptisch werden: Das Tier wurde geweckt, gestört und hat Angst. In den Kommentarspalten unter dem Foto steht aber meist nur: „Wow, großartiges Bild, toller Moment, wow."

Meine Beziehung zum Pirol ist davon geprägt, dass ich ihn lange Zeit meines Lebens nicht gesehen habe. Ich habe auch nicht damit gerechnet, ihn jemals zu sehen. Früher dachte ich auch, dass er super selten sei. Dann, als ich aus Berlin aufs Land zog, hat es zwar auch noch gedauert, bis ich ihn gesehen habe – zuvor hatte ich ihn aber längst wahrgenommen, seine Präsenz gespürt. Und das war mir tausendmal mehr wert, als ihn mit meinen Augen vor mir zu sehen.

Blickst du im Frühsommer in die Kronen der Laubbäume, in denen der Pirol fast ausschließlich hoch oben lebt, dann ahnst du auch, warum er so selten zu sehen ist: Das Gelb macht ihn im Gegenlicht nahezu unsichtbar. Die oberen zwei, drei Meter der Bäume verlässt der Pirol fast ausschließlich zum Trinken – die einzige Chance, ihn frühmorgens zu erwischen. Außerdem besteht im Flug eine Chance, oft aufgeschreckt, oder im Streit mit einem Eichelhäher. Alle Pirole, die ich in meinem Leben gesehen habe, flogen flink an mir vorbei – schnell in die nächste Baumkrone, einmal auch über unser Haus. Denn vor dem Haus auf dem Dorfanger stehen alte Erlen und Eichen und hinter dem Haus, im Garten, gibt es eine kleine Gruppe hoher Laubbäume. Zwei Birken, eine Pappel, eine Eiche. Das reicht dem Pirol in Brandenburg, ob man es glaubt oder nicht.
In meiner Heimat im Westen Niedersachsens haben wir ausgedehnte Laubwälder. Einen Pirol suchte ich dort vergeblich. Verbreitungskarten und Populationszahlen bestätigen das: Brandenburg ist dichter besiedelt, obwohl es weniger Laubwald gibt. Übrigens hat ein Pirol bei uns in der Nähe auch sein Revier in einem Kiefernforst, in dem genau zwei Eichen stehen. Ich traute meinen Ohren nicht, als ich ihn dort die letzten Sommer flöten hörte. Ein Gespräch mit lokalen Ornithologen-Freunden bestätigte mir die Entdeckung. Auch sei solch ein Habitat für den Pirol in der Lausitz gar nicht so selten. Aber Laubbäume sind ihm lieber. Dem Pirol reichen dann oft einzelne alte Bäume, Knicks, Baumgruppen und Alleen. Der Vorteil für uns Beobachtende daran ist, dass er öfter über freie Flächen fliegen muss als im tiefen Wald – sodass ich ihn sogar bei mir im Garten beobachten kann.

SEIN NEST GEHÖRT BEI UNS ZU DEN AM KUNSTVOLLSTEN GEFLOCHTENEN KINDERSTUBEN.

DAS LEBEN DER PIROLE spielt sich in den oberen Metern der hohen Bäume ab. Daher sind Menschen auch oft enttäuscht, wenn sie den Vogel nur hören, aber nie sehen. Auch der Nistplatz ist entsprechend schwer zu entdecken.

Im Flug geben Pirole oft ein verräterisches Krächzen, das eher an einen Rabenvogel erinnert, von sich, das im Gegensatz zum tief flötenden Gesang rau und roh klingt. Einmal gehört und gemerkt, hört man den Gesang des „Pfingstvogels“, wie er früher genannt wurde, immer aus dem bunten Vogelgezwitscher im Laubwald heraus. Wobei im Mai das Gezwitscher der meisten Singvögel schon leiser geworden ist – zu sehr sind die Vögel nun mit Brut oder Jungenaufzucht beschäftigt. Die Revierbildung ist da längst passé. Nicht so der Pirol, der als einer der letzten aus dem Winterquartier im südlichen Afrika zurückkommt. Immer gegen Pfingsten, wie sein altertümlicher Name sagt. Bereits Ende Juli macht er sich dann als einer der ersten auch schon wieder auf den Rückflug in die Tropen. Wenn der Gesang des Pirols im Juli verstummt, dann macht sich bei mir Jahr für Jahr die erste Melancholie breit. Die ersten Anzeichen vom Ende des Sommers. Jedes Jahr graut es mir vor dem Moment, vor dieser Stille.
Herbstgefühle, mitten im Sommer. Das schafft nur der Pirol, der Sehnsuchtsvogel, der melancholischste meiner Gartenvögel. Als typischer Sommervogel kommt er nur zum Brüten in unsere Gefilde. Solche Arten haben mich immer fasziniert. Wir bezeichnen sie als „heimisch“, obwohl sie nur wenige Wochen bei uns sind und mehr Zeit auf dem Zug oder auf einem anderen Kontinent verbringen. Aber in der Ornithologie gilt: Eine Art ist dort heimisch, wo sie ihr Nest baut und die Jungen großzieht.

Als ich meinen ersten Pirol hinter unserem Haus in Brandenburg hörte und bestimmte, hatte ich einen Kloß im Hals, meine Brust brannte. Ich zückte mein Handy und nahm eine Sprachnachricht auf, ich wollte den Gesang unbedingt einer Freundin schicken, die mit Nachnamen „von Bülow“ heißt. So oft hatte ich in der Uni mit ihr über Vögel gesprochen, besonders ihr Siegelring mit Pirol hatte es mir angetan. Der „Vogel Bülow“, wie er noch heute in manchen ostdeutschen Gegenden genannt wird, ist der Wappenvogel des alten Adelsgeschlechts. Der bekannteste „von Bülow“ war wohl der begnadete Humorist Vicco von Bülow – er gab sich einst den Künstlernamen „Loriot“, französisch für Pirol.

Ich nahm also den Gesang auf und verschickte ihn, die Freude war auf beiden Seiten riesig. Ich werde niemals vergessen, was dieser Gesang da oben aus der Birke in mir auslöste – und bis heute Jahr für Jahr auslöst. Ein Kindheitstraum – nie hätte ich gedacht, dass dieser Vogel einmal in meinem eigenen Garten singen, ja vielleicht sogar brüten würde.
Eine Schwalbe sieht man bei uns schon nach einer Minute, im ersten Moment, wenn man den Hof betritt. Genauso wie die Spatzen. Für den Gartenrotschwanz braucht man schon ein wenig mehr Geduld. Für den Pirol muss man verweilen. Erst drei Jahre nach dem Kauf unseres Hofes bekam ich ihn zu Gesicht. Und ich bin viel im Garten, ich bin dauernd draußen. Ein ganz besonderer Moment. Denn es war keine flüchtige Beobachtung, es war wie eine lange Suche, ohne auf der Lauer zu liegen, dem Gesang folgend, den ich jahrelang hörte. Als ich ihn dann sah, breitete sich eine Wärme im ganzen Körper aus. Ich fühlte mich auf eine besondere Art und Weise angekommen in meinem neuen Zuhause.

> Und jedes Jahr, wenn ich das erste Mal das tiefe „Dulioh“ des Pirols aus der Baumgruppe im Garten höre oder aus einer der alten Eichen am Feldweg, renne ich aus dem Haus.

Ich lege mich ins Gras und begrüße den Pirol, der sich auf den langen Weg aus dem tropischen Afrika zu uns gemacht hat, um hier in einer Astgabel hoch oben – vielleicht in der Pappel, vielleicht in der Birke – sein filigran geflochtenes Nest zu bauen.
Eine Tatsache, die ich sehr sympathisch finde, hat etwas mit der Gefiederfärbung bzw. den Unterschieden zwischen Männchen und Weibchen zu tun. Das typische Knallgelb

mit schwarzen Flügeln und schwarzem Zügel zwischen Auge und Schnabel wird gemeinhin dem Männchen zugeschrieben; in vielen Vogelbüchern steht, dass Pirol-Weibchen mit grüner Oberseite und einer schmutzig weißen, gestrichelten Unterseite klar anders aussehen. Wie ich erst vor einigen Jahren herausfand, ist das aber nur die halbe Wahrheit. Junge Männchen sind noch nicht so gelb wie ältere, sie ähneln jungen Weibchen. Und je älter die Weibchen werden, desto gelber werden sie. Ein altes Pirol-Weibchen kann also durchaus aussehen wie ein Männchen. Ist das nicht toll?

Diese Info war mir neu. Das Wunderbare an diesem Vogel-Hobby ist ja auch, dass man wirklich niemals auslernt. Es öffnen sich immer wieder neue Level; selbst wenn man nicht gezielt nach neuen Informationen sucht, sie begegnen einem irgendwann einfach. Und manchmal auch in Quellen, von denen man denkt, man habe sie schon von vorne bis hinten hunderte Male durch. Es gibt immer wieder Überraschungen. Die Sache mit den unterschiedlichen Farbverläufen im Alter steht zum Beispiel in Pareys Vogelbuch, das ich mit neun Jahren von Onkel Thomas und Tante Doris geschenkt bekommen habe, und das mich seitdem begleitet. Und trotzdem immer wieder neue Infos bereithält. Pirole werden sich also im Alter immer ähnlicher.

Wie bei älteren Menschen. Ich finde, älteren Menschen sieht man manchmal das Geschlecht auch nicht sofort an. Und das finde ich wunderbar. Es ist doch auch eigentlich völlig egal. Ich finde es gut, dass Geschlechter als Konstrukte zunehmend an Bedeutung verlieren. In der Birding-Szene ist das wieder so typisch Mensch. Wir müssen unbedingt herausfinden, ob wir nun ein Männchen oder ein Weibchen gesehen haben und das in unsere wichtige Liste eintragen.

MIT SEINEM ALTEN HOF verbindet Philipp nicht nur das Gezwitscher der Schwalben und Spatzen. Auch der Gesang des Pirols ist eng mit den heißen Sommern auf dem Land verbunden. Was zunächst eine Überraschung war, ist heute ganz normal. Und immer noch wunderschön.

IM GEHEIMEN

Ich liebe es, wenn wir Mühe haben, jedes Detail über unsere Vögel herauszufinden. Das finde ich irgendwie beruhigend. Und wer weiß schon, was die Pirole da hoch oben in den Baumkronen so treiben in den paar Wochen, in denen sie bei uns sind. Vielleicht hängen die ganz alten Weibchen am liebsten miteinander ab, und wir denken, es seien Männchen? Was wissen wir denn schon.

Die Amsel hat viele Fans

LIEBLINGSVOGEL

Seit Antonia wieder in Köln lebte, verbrachte sie auch mehr Zeit bei ihren Eltern auf dem Balkon im Westen der Stadt. Sie genoss die Stille und beobachtete die Amseln bei der Jagd auf Würmchen. Dann schickte sie Amselvideos an Philipp. Und er schickte Stare, Pirolgesänge oder Störche aus seinem Garten in Brandenburg zurück. Die Vögel waren auch in Zeiten, in denen die beiden nicht miteinander arbeiteten, der rote Faden, der sich durch ihre Freundschaft zog.

ANTONIA

Die Amsel ist mein Lieblingsvogel. Ihre Stimme hat mich als kleines Baby in den Schlaf gesungen und wieder geweckt.

Sie war und ist mein direkter Kontakt zu der großen Welt außerhalb der engen Menschenwelt – und eine enge Vertraute. Sie begleitet mich mein ganzes Leben, und so ist es nicht verwunderlich, dass die Amsel so viele Emotionen bei mir auslöst. Sie singt sozusagen mein Heimatlied.

Ihr Gesang ist so liebevoll vorgetragen. Das leise Flöten am Anfang der Strophe, welches dann lauter anschwillt. Der Klang ist tief und voll, die Phrasierung exakt. Wie oft habe ich ihr gelauscht. Sei es im Garten meines Elternhauses im Westen Kölns oder aber von meinem Fenster aus, wenn sie von der hohen Warte eines Dachfirstes in Berlin Prenzlauer Berg sang. Bei Herzschmerz, in fröhlichen Momenten oder in seliger Ruhe. Die Amsel war immer da.
Warum bewegt mich gerade der Amselgesang so? Manche sagen, die Amsel singt melancholisch und wehmütig. Das kann ich nur zu gut nachvollziehen.

Ihr Lied ist ein „Stich ins Herz angesichts der Vergänglichkeit des Lebens und der Schönheit“, schreibt die schwedische Schriftstellerin Roine Magnusson in ihrem Buch „Vögel ganz nah“. Aber die Wehmut transportiert auch immer Freude und Wärme. Ich muss immer lächeln, wenn ich ein Amselmännchen laut flöten höre.

Früher waren Amseln scheue Waldvögel, die man kaum zu Gesicht bekam. Erst um das Jahr 1820 wurde die erste Stadtbrut einer Amsel in Bamberg gemeldet. In den folgenden Jahren zogen andere deutsche Städte nach. Heute ist sie nach dem Buchfinken der zweithäufigste Brutvögel in Deutschland und wohl der bekannteste Singvogel Europas.
Amseln, auch Schwarzdrosseln genannt, sind gut an ihrem „Jizz“ zu erkennen. Jizz nennt man im Englischen die ganz eigene Gestalt, Körpersprache und Art der Bewegung eines Vogels. Philipp hat auch seinen Jizz. Wenn er auf mich zuläuft, weiß ich, ohne sein Gesicht gesehen zu haben, wer da kommt. Sein Schritttempo, seine Gangart, die Art, wie die Arme baumeln, und seine Beinstellung.
Das alles hat die Amsel auch. Die schwarzen Männchen und die braunen Weibchen bewegen sich meistens hüpfend über unsere Grünflächen und verharren danach mit beiden Füßen gleichzeitig aufkommend einen Moment fast reglos mit erhobenem Kopf und Schwanz. Auf kurz gemähten Stadtwiesen oder in Gärten sieht man sie nach Würmern suchen. Dann drehen sie den Kopf schief und schauen Richtung Boden.
Jeder, der Amseln schon einmal beobachtet hat, weiß, was ich meine. Vergleicht man die Amsel zum Beispiel mit dem ähnlich aussehenden Star, wird man anhand des Jizz schnell Unterschiede feststellen. Stare bewegen sich fast nonstop, und gehen mit dem Blick auf den Boden gerichtet mit einem Bein nach dem anderen voran. Sie hüpfen nicht, sie schreiten stetig.
Neben dem lauten Singen machen Amseln auch durch unterschiedliche Erregungslaute auf sich aufmerksam. „Tik tik tik“ bei Bedrohungen am Boden und ein hohes „Sriiiiiehh“ bei Gefahr aus der Luft.

IN DER KULTUR: Natürlich bin ich nicht der einzige Amselfan. Die Schwarzdrossel ist Schwedens Nationalvogel und in Musik und Literatur oft behandelt worden. Und das liebe ich ja. Die Vögel und die Künste – meine beiden Leidenschaften – zusammenzubringen. Im Vorwort zur Anthologie „The Poetry of Birds“ erzählt der Herausgeber Tim Dee, dass er 2005 als Jurymitglied eines großen britischen Lyrikwettbewerbs alles an Poesie las, was in diesem Jahr veröffentlicht wurde. Es stellte sich heraus,

Der Garten meiner Eltern. Hier habe ich sie alle kennengelernt. Aber besonders an die Amseln erinnere ich mich.

DAS BESONDERE Gleich mehrere Vogelarten wie Amsel, Kohlmeise, Blaumeise, Buchfink und Rohrammer nutzen einen durchdringenden Warnton für Gefahr aus der Luft. Er hat eine hohe Reichweite, ist aufgrund seiner Tonhöhe für Greifvögel aber schwer zu lokalisieren. Beim Bodenwarnruf zeigen Amseln mit ihrer Frequenz sogar an, wie weit die Gefahr – zum Beispiel ein Marder, eine Katze oder auch ein Mensch – noch entfernt ist. Auch andere Tierarten erkennen die Warnlaute und machen sich dann schnell „vom Acker".

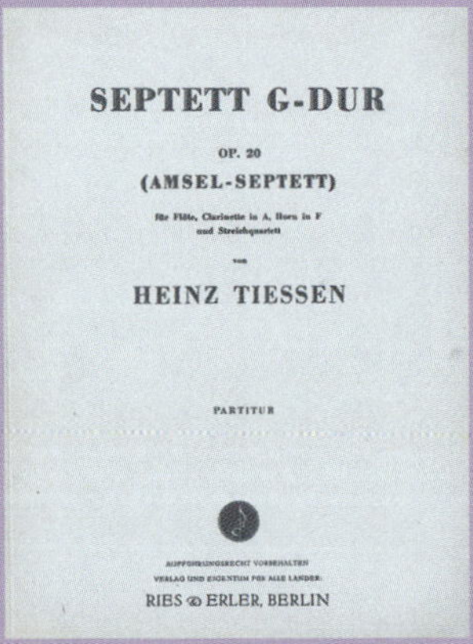

SEPTETT G-DUR

OP. 20

(AMSEL-SEPTETT)

HEINZ TIESSEN

PARTITUR

RIES & ERLER, BERLIN

„BLACK BIRD“ heißt die Amsel auf Englisch ganz simpel, also übersetzt „schwarzer Vogel“, auf Schwedisch „Koltrast“ und auf Französisch „Merle“. Überall ist sie ein gern gesehener Vogel. In Schweden ist sie sogar der Nationalvogel.

dass Gedichte über Amseln weit häufiger eingereicht worden waren als Gedichte über einen andauernden Krieg oder andere naheliegende Themen.
Bertolt Brecht sieht in der Amsel und ihrem Gesang eine treue und glückbringende Freundin bis in den Tod. Dazu kommt die Erkenntnis, dass die Schönheit des Amselgesangs weiterleben wird, auch über den eigenen Tod hinaus.

„Als ich in weißem Krankenzimmer
der Charité
Aufwachte gegen Morgen zu
Und die Amsel hörte, wußte ich
Es besser. (...)"
(BERTOLT BRECHT, 1956)

Der impressionistische Dichter Max Dauthendey verfasste wunderbare Gedichte mit Titeln wie: „Die Amsel hat Sonne getrunken" (1867). Von ihm stammen auch die schönen Sätze: „Ich ging in jungen Gräsern, mit meinem weichsten Schritt, die Amsel hat gesungen und mein Herz sang mit."
Dieser Satz hat auch den Musiker und Komponisten Heinz Tiessen (1887 – 1971) inspiriert. Er studierte den Aufbau des Gesangs der Amsel über Jahre hinweg. Der schwarze Vogel war für ihn der musikalisch höchststehende Singvogel Mitteleuropas und er komponierte zahlreiche Lieder basierend auf den Tonfolgen. 1953 schrieb er das Buch „Musik der Natur. Über den Gesang der Vögel, insbesondere über Tonsprache und Form des Amselgesangs". In dem Buch kommt Tiessen zu dem Schluss, dass Amseln strophig singen. Das heißt zusammenhängende Gesangsstücke von zwei bis fünf Sekunden Dauer werden von ebenso langen Pausen unterbrochen, bevor es mit der nächsten Strophe weitergeht. Formal kann man die Strophen mit den Sätzen der menschlichen Sprache gleichsetzen.
Ihm folgte der französische Musiker Olivier Messiaen, der Vögel ebenso liebte und das schöne Lied „Le Merle Noir" 1951 für Flöte und Klavier schrieb. Mit diesem Werk begannen zehn Jahre, während denen Messiaen sich fast ausschließlich dem Vogelgesang widmete. Melodische Wendungen, vor allem die der Amseln, übertrafen nach Messiaen die „Phantasie der menschlichen Vorstellungskraft." Es ist übrigens umstritten, warum die Amsel im Französischen „merle" heißt. Ob der Name von der schwarzen Rebsorte Merlot stammt oder von der besonderen Vorliebe der Vögel für genau diese Traubenart?
Wir treffen heute auch in der Popkultur auf die Amsel. „Blackbird" ist mein Lieblingssong der Beatles. Er erschien auf dem Doppelalbum „The Beatles" 1968, auch als „Das Weiße Album" bekannt. Paul McCartney hat das Stück geschrieben. Symbolisch geht es um den Kampf der schwarzen US-Bürgerinnen und -Bürger im rassistischen Süden der USA, um deren Gleichberechtigung und Gleichstellung im amerikanischen Verfassungsrecht. Die Amsel steht für eine afroamerikanische Frau, die sich von der Unterdrückung befreien will oder soll. Erst im Frühling 1968 war es in den USA zu Unruhen gekommen, wenige Wochen nachdem Martin Luther King ermordet worden war. Im November des gleichen Jahres erschien „Blackbird".
Persönlich hat der Song auch eine große Bedeutung für Paul McCartney. Denn als seine spätere Frau, die Fotografin und Musikerin Linda McCartney, die erste Nacht bei ihm verbrachte, spielte er den neu komponierten Song für die vor dem Haus campierende Menge. Linda soll den Song geliebt haben. Ein Jahr später heiratete das Paar und blieb bis zu Lindas Tod 1998 zusammen. Seit 1976, meinem Geburtsjahr, spielte Paul McCartney den Song „Blackbird" auf jedem einzelnen seiner Solokonzerte.

Gestern bin ich mit meinem Freund durch die Straßen Kölns gelaufen und habe eine Amsel auf dem Schornstein eines großen Hauses beim Singen beobachtet. Mein Freund, der vor mir mit Vögeln nicht viel am Hut hatte, wusste direkt welcher Vogel da oben flötet und sagte zu mir: „Siehst du, jetzt hast du mich auch auf die Vögel gebracht. Früher hätte ich die Amsel nicht bemerkt." Das ist wohl das schönste Kompliment was man mir machen kann und jetzt liebe ich ihn umso mehr.

DIE AMSEL UND DER SPATZ waren die ersten Vögel, die Antonias Tochter am Gesang ausmachen konnte. Vermutlich hat sie die Amsel auch am häufigsten von allen Vögeln gezeichnet. Oben eine Mischung vom männlichen und weiblichen Federkleid.

TÜRÖFFNER

Das macht mich glücklich. Zu wissen, dass Philipp und ich unseren Mitmenschen die Augen und Ohren für die Vögel öffnen und in manchen Momenten ein wenig mehr Glück und Achtsamkeit in ihre Herzen zaubern können. Das hat einen echten Mehrwert. Nicht nur für uns Menschen, sondern auch für unsere Vögel. Denn nur was man bewusst wahrnimmt, kann man lieben, und nur was man liebt, will man auch schützen.

Stockenten sind Seelentröster

EINFACH DA

2020 und 2021 waren für alle außergewöhnliche Jahre. Die Pandemie änderte nichts an den täglichen Telefonaten über Vögel zwischen Antonia und Philipp und im April 2020 starteten sie den Podcast „GUT ZU VÖGELN“, wo sie nun mit gutem Grund stundenlang über ihre Lieblingstiere sprechen konnten. Er half ihnen. Eine Konstante in dieser ungewissen Zeit, die sie von den traurigen Momenten im Leben ablenken konnte. – Auch Stockenten können beim Seelebaumelnlassen helfen.

ANTONIA

Mein Vater liebte Enten. Er sagte: „Sie können alles und das ist doch toll: fliegen, tauchen, schwimmen, laufen, quaken und gemütlich am Wasserrand liegen." Ich habe das nie vergessen und hatte seitdem auch einen anderen Blick auf die Stockenten bei uns im Stadtwald.

Natürlich fand ich sie schon immer schön. Die Erpel mit ihren leuchtend flaschengrünen Köpfen, dem zitronengelben Schnabel und den kecken Erpellocken an den Schwanzfedern. Und auch die Weibchen haben mich immer fasziniert mit dem beigebraunen Gefieder und dem schönen braunen Strich, der sich über das Auge zieht. Überhaupt finde ich oft die schlichten Tierweibchen schöner als die „grellen" Männchen. Nicht nur bei Vögeln. Löwinnen zum Beispiel scheinen doch anmutiger und schöner als die „Angeberlöwen", oder?
Als Kind bin ich mit meiner Oma an der gleichen Stelle Enten füttern gegangen wie später mein Vater mit seinen Enkelinnen, also meiner Tochter und der Tochter meiner Schwester. Das Gewässer war ein wenig verwunschen und an vielen Stellen zugewachsen. Doch gab es eine Stelle, wo seine Hunde in das Wasser gehen konnten und die Wasservögel rumsaßen. Papa hat sich dann mit seinen Enkelinnen auf die Holzbank gesetzt, die Hündchen angebunden neben sich, und gemütlich seinen Zigarillo geraucht. Unter seinem Popo ein dickes Kissen, weil ihm da immer kalt war. Die zahmen „Stadtenten" kamen an Land und meine kleine Nichte rief „Da - dah". Wie viele andere Wildvögel sind sogenannte „Stadtenten" durchaus zutraulicher als die „Landenten", die durch die Jagd und zahlreiche Fressfeinde viel scheuer sind.

Irgendwann entschied die Stadt Köln dann eine Ufersanierung vorzunehmen. Die „Stiftung Kölner Grün" wollte Ordnung schaffen und es wurden die maroden Holzpalisadeneinfassung durch eine hohe Kunststoffeinfassung ausgetauscht. Eigentlich sollten Ausstiegsmöglichkeiten für Wasservögel und Amphibien geschaffen werden, aber diese haben wir lange Zeit vermisst. So lange, dass die Wasservögel immer weniger wurden. Wo sollten sie nun auch brüten? Es gab wenig bis keinen Uferbewuchs oder Schilfgrün für ihre Nester. Wo sollten sie rasten und die Jungtiere an Land gehen? Das neue Ufer war so hoch gebaut, dass selbst die erwachsenen Enten nicht mehr an Land kamen. Bis heute sehe ich jedes Jahr hilflos quakende Enten und auch Muttergänse, wie sie versuchen, ein Jungtier in die richtige Richtung zu lotsen, sodass es auch an Land klettern kann. Ich frage mich immer, wie man unserer Umwelt und den Mitlebewesen gegenüber so ignorant sein kann. Sogar der Stadtwald soll zum eigenen Wohnzimmer perfektioniert werden – akkurat und ordentlich –, ohne die Tiere, die in ihm leben, richtig anzuerkennen.

Dabei geht es den Stockenten deutschlandweit schlecht. Das belegen Zahlen der internationalen Wasservogelzählung, eines der weltweit ältesten Monitoring-Projekte. In Stuttgart beispielsweise haben sich die Bestände in den letzten 20 Jahren mehr als halbiert. Ich würde sagen, dass es in Köln nicht anders aussieht, ohne das wissenschaftlich stützen zu können. Aber ein paar Enten gibt es auch noch, die ich vor allem im ausklingenden Winter beobachten kann.
Viele Erpel halten dann auf dem Wasser die „Gesellschaftsbalz" ab. Da muss nicht einmal immer ein Weibchen zugegen sein. Die Vögel machen komische Figuren im Wasser und pfeifende Geräusche. Damit bringen sie sich in Stimmung und halten diese Stimmung untereinander aufrecht. Die noch nicht verpaarten Weibchen können sich dann aus der Gruppe einen Erpel aussuchen. Es ist sowas wie der Heiratsmarkt der Stockenten. Womit wir bei einem wichtigen Punkt in der Vogelwelt wären: Fast immer sind es die Vogelweibchen, die sich ihre Geschlechtspartner aussuchen, während die Männchen um die Gunst der Weibchen buhlen. Männchen müssen auffallen und beeindrucken. Sie tun dies mit leuchtenden Farben, Zierfedern, Tänzen, Gesängen, Geschenken und Geräuschen. Nur so kommt das Weibchen in Stimmung und lässt eine Paarung zu.

Mein Vater am Weiher im Kölner Stadtwald. Heute sitzen meine Tochter und ich manchmal auch da. Papa ist immer bei uns.

AUCH IN SCHWEREN ZEITEN haben die Vögel Antonia und Philipp begleitet. Als dann Corona kam, haben sie den Podcast „GUT ZU VÖGELN" begonnen, um die Vogelliebe zu spreaden. Das Cover ist übrigens von Antonias Nichte Nika gezeichnet worden.

Enten unterscheiden sich insofern von den meisten anderen Vögeln, als dass Erpel einen Penis haben, einen ziemlich langen, schraubenförmig gedrehten Penis, der genau wie der Penis von Menschen und anderen Säugetiere funktioniert. Diese Tatsache ermöglicht es ihnen leider, die Paarung auf eine Art und Weise zu erzwingen, die anderen Vögeln nicht zur Verfügung steht.

Männchen ohne Partnerinnen versuchen also während der Legesaison, Paarungen mit Gewalt durchzusetzen. Es gibt sogar sozial organisierte Gruppen von Männchen, die Weibchen verfolgen, um sie zur Paarung zu nötigen. Das ist für die weiblichen Enten körperlich richtig schädigend. Sie sind gestresst. Sie fliegen weg oder tauchen und versuchen alles in ihrer Macht Stehende, um das zu verhindern. Manchmal ertrinken sie sogar, weil sich Enten oft im Wasser paaren. Das musste ich auch schon mit ansehen und es ist not right. So not right, dass da dann auch mal ein getrocknetes Brot auf die Erpel fliegen kann, wie bei dem Film „About a boy oder: Der Tag der toten Ente“ aus dem Jahr 2002. Zwei Punkte hierzu: Zum einen basiert der Film auf einem Roman von Nick Hornby, dessen Bücher ich schätze, weil sie Humor haben. Zum anderen hat Badly Drawn Boy, den ich wegen seiner Musik mag und der den Soundtrack zu dem Film gemacht hat, keinen Humor. Er war ein totaler Unsympath bei einem Konzert in Köln. Da ist er einfach mitten in der Performance aufgestanden und abgehauen, weil ihm der Sound nicht passte, und hat laut rumgemosert. Ich finde, wenn da was mit der Technik nicht okay ist, sollte man das nicht an den zahlenden Gästen auslassen.

Naja, auf jeden Fall gibt es eine Szene in dem Film, wo der junge Protagonist Marcus das selbst gebackene und steinharte Brot seiner Mutter, weil er es nicht auseinandergepflückt bekommt, auf einen Ententeich schmeißt und damit versehentlich einen Erpel erschlägt. Badly Drawn Boy hat dazu das schöne Stück „Dead Duck“ musiziert. Ich hoffe, der tote Vogel war einer der miesen Vergewaltigungs-Erpel.

DAS BEKANNTE WATSCHELN anzusehen ist doch immer wieder eine Freude.

EINFACH DA

Mein Vater saß gerne auf der Bank, rauchte einen Zigarillo, hörte dem Gequake der Tiere zu und bewunderte die Leichtigkeit der Enten auf dem Wasser. Er erfreute sich an der Schönheit der Tiere und schaute den Küken mit einem kleinen Lächeln zu, wie sie hastig hinter der Ente herschwommen. Stockenten hatten ihn sein Leben lang begleitet, er betrachtete sie mehr als Freunde, nicht als Forschungsobjekt. Er musste nicht alles über sie wissen. Es genügte ihm, dass sie immer da waren. So wie Papa für mich immer da gewesen ist.

LASSEN

Die Sache mit der Fütterung

Obwohl eigentlich an jedem Weiher und Gewässer ein Schild aufgestellt ist, hier noch einmal von uns: Bitte schmeißt kein Futter ins Wasser zu den Enten. Die nicht gefressenen Teile des Futters und die Exkremente der angelockten Vögel sinken zu Boden und bilden dort Faulgase. Dies fördert die Eutrophierung und die Gewässer kippen um. Dann enthalten sie nicht mehr genug Sauerstoff und werden zur Todeszone für Fische und andere Tiere. Das ist besonders bei kleinen, eher stehenden Gewässern der Fall. Also in Parks und Tiergärten.

Da unsere Enten oft Wohnungsnot haben, nisten sie in der Stadt auch mal in der Nähe der Menschen, zum Beispiel auf den Balkonen. Sobald die Jungen dann geschlüpft sind, müssen sie innerhalb von 48 Stunden ans Wasser geführt werden. Hier wird die Sache dann brenzlig. Fliegen können die Kleinen noch nicht und so watscheln die Enten mit den Küken über Straßen und Kreuzungen. Will man helfen, sollte man sich schlau machen und Experten ranlassen, die die Tiere sicher ans Wasser bringen. Wenn es die nicht gibt, dann bitte immer erst die Mutter einfangen, sie ist schwieriger zu kriegen, danach alle Küken – alle. Die Kleinen müssen ständig in Rufkontakt mit der Mutter sein. Dann – wichtig – am Gewässer immer erst die Küken freilassen und dann die Mutter, damit sie nicht davonfliegt und die Küken im Stich lässt.

Die Dohlen trafen direkt ins Herz

VON JETZT AUF GLEICH

Es war Anfang 2022 und Antonia und Philipp näherten sich der Abgabe des Manuskriptes. Sie hatten sich ausgemalt, ganz gemütlich das Buch fertigzustellen. Antonia wollte in Ruhe in Dänemark schreiben. Philipp wollte sich ins Haus auf dem Land zurückziehen. Wie es aber im Leben so ist, kam es anders als geplant. Philipp fuhr zu seinen Eltern. Dort hat sich dann die Dohle einen Platz im Buch verschafft, die Art war ursprünglich gar nicht vorgesehen. Und das ist richtig schön.

PHILIPP

Es ist Ende Februar. Ich sitze bei meinen Eltern zu Hause am großen Wohnzimmerfenster, durch das ich einen perfekten Blick in den Garten habe. Das Haus, in dem ich aufgewachsen bin, ist ein 50er-Jahre Haus mit Garten, inzwischen viel zu groß für meine Eltern, denn das jüngste Kind lebt auch schon längst nicht mehr hier. Ich bin das jüngste Kind, ich bin vor 13 Jahren ausgezogen.
Der Garten ist verwunschen, mit den Jahren eingewachsen. Alles ist enger als vor 20 Jahren. Er ist auch irgendwie westdeutsch. So grün, so dicht, immer etwas feucht, so kommt es mir vor. Überall Moos an den alten Bäumen. Ich liebe solche Gärten. Kindheitserinnerungen, die bleiben.

Bei uns in Brandenburg ist alles trocken, sandig. Klar, Heckenpflanzen wie Kirschlorbeere oder Buchsbaum würde ich nicht pflanzen, in einen naturnahen Garten passen sie nicht wirklich, aber das werfe ich meinen Eltern nicht vor.
Meine Mutter liebt Hortensien. Ich inzwischen ebenso. Auch das sind Kindheitserinnerungen. Die immer kleiner zu werden scheinende Rasenfläche ist eingerahmt von Hortensien, die inzwischen so groß sind wie ich. An den Enden der noch winterlichen Zweige zeichnen sich langsam grüne Spitzen ab. Der Frühling steht vor der Tür, auch wenn die Bäume noch kahl sind. Man spürt es. Ich schaue durch das Fenster und sehe allerhand Schneeglöckchen unter den Hortensien und unter dem alten Kirschbaum.
Gleich wird mein Vater reinkommen und mir erzählen, dass ich diese Schneeglöckchen mit meinem Schulfreund Thorben vor 25 Jahren im Wald ausgebuddelt habe und alle Schneeglöckchen im Garten auf diese ausgebuddelten Pflanzen zurückgehen. Meine Güte, das ist auch verboten. Würde ich heute nicht mehr machen, Pflanzen aus dem Wald mitnehmen. Ich weiß aber noch genau, dass wir das gemacht haben. Wir haben uns sogar auf die Kirchplatzmauer gesetzt und mit einem Pappschild unsere Schneeglöckchen angepriesen und versucht, sie zu verkaufen. Thorbens Vater war der evangelische Dorfpfarrer. Ich erinnere mich nicht mehr, ob wir was verkauft haben. Meine Eltern haben damals offenbar noch welche abbekommen. Jedenfalls stehen sie nun da, die Schneeglöckchen, wackeln ein wenig im Wind und machen Hoffnung auf einen baldigen Frühling.
Die Blaumeisen beginnen bereits zu balzen und veranstalten diese speziellen Flüge, die man besonders im Spätwinter beobachten kann, bei denen sie mit den Flügeln schwirren wie überdimensionale Libellen. Ihre eigentlich gar nicht vorhandene Haube – die Federn am Hinterkopf – stellen sie etwas auf, nun wird das weiße Gesicht noch ausdrucksstärker. Am Boden huscht ein Zaunkönig, daneben eine Heckenbraunelle. Haussperlinge hängen am Meisenknödel, drei oder vier Amseln jagen sich von Hecke zu Hecke. Morgens war auch schon ein Dompfaff-Pärchen da und saß im Apfelbaum.
Irgendwo ruft eine Ringeltaube ihr „Huhuuu-hu, hu huuu“. Fünfmal „Hu“ ist Ringeltaube, dreimal „Hu“ ist Türkentaube – hab ich als Kind schon gewusst.
Das „Hu“ der Ringeltauben, das Vogeltreiben im Garten: Auch alles sehr westdeutsch, stelle ich fest. Solche Szenen spielen sich bei mir in Brandenburg nicht ab. Da freu ich mich über Goldammer, Klappergrasmücke und Gartenrotschwanz, ich will mich nicht beklagen. Aber dieses Gewimmel und Gewusel in diesem feuchten, grünen Garten – das ist westdeutsch, das ist Kindheit, das ist Zuhause.
Und etwas ist neu. Eine Vogelart fällt mir hier bei meinen Eltern seit einigen Jahren besonders ins Auge. Ein großer Schwarm Dohlen überfliegt lauthals den Garten und das Haus meiner Eltern. Einige landen einige Grundstücke weiter in einem großen Baum, andere fliegen weiter.

In meiner Erinnerung hat es hier keine Dohlen gegeben, als ich klein war. Ich meine behaupten zu können, in meiner Kindheit wirklich jeden Vogel

Der Garten, der mein Elternhaus umschließt, ist ein typisch westdeutscher Garten: grün und saftig. Und mit vielen Erinnerungen.

DA DOHLEN eine enge Paarbindung haben, sieht man sie fast nie alleine auf einem Dach oder Schornstein sitzen. Vielleicht macht es sie auch deshalb zu besonders sympathischen Rabenvögeln. Oft finden wir in der Tierwelt ja das am sympathischsten, was uns Menschen ähnelt.

gesehen und gekannt zu haben, der sich im Garten, aber auch im gesamten Dorf aufhielt.

Ich kannte die letzte Mehlschwalben-Kolonie des Dorfes an einem alten Mehrfamilienhaus, auf die ich heute noch Sommer für Sommer mit Bangen schaue, ob sie noch besteht. Zu viele alte Häuser wurden hier zuletzt weggerissen, zu wenig alte Bausubstanz bewahrt.
Ich kannte den Schlafbaum von Waldohreulen im Nachbarort, direkt vor der Apotheke, und besuchte ihn regelmäßig. Und ich war stolz darauf, ihn zu kennen. Während eilige Passantinnen und Passanten über Gewölle stiegen und Einkäufe erledigten, aber keineswegs mal nach oben in die alten Eiben schauten. In manchen Wintern zählte ich darin bis zu 25 Waldohreulen, die mir damals übrigens ganz schön klein vorkamen. Eulen sehen auf Bildern immer so riesig aus. Ich wollte immer mal den Apotheker dort fragen, ob er die Eulen eigentlich kenne und den Dreck tolerierte. Hoffentlich. Hoffentlich wurden die alten Eiben nicht längst gefällt, wegen des Drecks. Wie sieht das denn aus? Ich überlege, mal hinzufahren und zu schauen – aber traue mich auch irgendwie nicht. Es ist die Jahreszeit, in der Bäume gefällt werden, die Gemeinden und Städte aufräumen und ganze Ökosysteme auslöschen.
Ich kannte auch die Graureiher-Kolonie in der Nähe und die Uferschwalben in der alten Sandgrube. Aber Dohlen? Nein, ich bin mir sicher, dass es keine Dohlen gab bei uns; und falls doch, dann waren es wenige, unauffällige Paare. Aber in diesem Ausmaß ganz sicher nicht. Mein Vater sagt dasselbe – und auch wenn er nicht so vogelverrückt ist wie ich, so ist er doch schon immer ein aufmerksamer Beobachter gewesen. Veränderungen im Garten und besondere Vogel-Sichtungen teilt er mir immer mit.
In diesem Moment fliegen wieder 40 oder 50 Dohlen taumelnd über unser Haus, ihr lautes „Kjaar" höre ich durchs geschlossene Fenster. Ich kenne den Ruf aus Holland, wo wir Jahr für Jahr unsere Urlaube verbrachten. Meine Eltern fahren noch heute zwei-, dreimal im Jahr in den Ort am Meer, den ich kenne wie meine Westentasche: Egmond aan Zee. In meiner Erinnerung stromern die Dohlen dort gemeinsam mit Lachmöwen und Silbermöwen umher und erfüllen den Himmel mit ihren Rufen, stehlen einem auch gern mal eine Pommes und sitzen oben auf den Dächern im Nordseewind. Dort inspizieren sie die Schornsteine, in denen sie vornehmlich brüten. In den unzähligen Holland-Urlauben meines Lebens waren und sind Dohlen alltäglich.
Ich finde Dohlen wunderschön. Was sie von anderen Rabenvögeln unterscheidet, wenn man mal den Eichelhäher außer Acht lässt, ist vor allem ein kleines Detail – ein bestechendes Detail. Dohlen haben strahlend hellblaue Augen. Wer einer Dohle mal aus der Nähe in die Augen sehen durfte, wird diesen Blick nie vergessen. Sie sind auch kleiner als die anderen heimischen Rabenvögel. Mit ihren im Mittel knapp 35 cm Körperlänge sind sie nur gut halb so groß wie Kolkraben und kaum größer als der kleinste Rabenvogel der Welt, der Meisenhäher, der in Nordamerika beheimatet ist.
Durch ihre strahlend blauen Augen wirken Dohlen auf mich stets wachsam, klug und hellwach. Diese Eigenschaften treffen auch auf andere Rabenvögel zu, aber auf Dohlen ganz besonders.

Wenn sie in kleinen Gruppen auf einer Wiese umherlaufen, hat man den Eindruck, sie würden stets auch mit einem Auge gucken, was noch ganz woanders stattfindet.

Auch ihr grauer Kopf, der sich vom restlichen schwarzen, wenngleich auch eher matt schwarzen Gefieder abhebt, zeichnet die Dohle aus. Dabei wirken Brust und Unterseite heller als die Flügel und die Rückseite. Glänzende Partien im Gefieder wie sie z.B. bei Rabenkrähe oder Elster auffallen, erscheinen vor meinem inneren Auge nicht, wenn ich an die Dohle denke. Da sind immer zuerst diese blauen, strahlenden Augen.

IN DER KULTUR:

„Sollen dich die Dohlen nicht umschrein,
musst nicht Knopf
auf dem Kirchenturm sein."
(JOHANN WOLFGANG VON GOETHE, 1827)

Dohlen haben also schon immer eine enge Bindung zu Menschen gehabt, wenn selbst Goethe über sie schreibt – und auch der beschriebene Kirchturm kommt nicht von ungefähr. Ein veralteter, volkstümlicher Name der Dohle lautet „Turmkrähe"; noch heute bilden Stadttürme, Kirchtürme oder mittelalterliche Stadtmauern Refugien für Dohlen-Kolonien. Sie brüten in Höhlen, Nischen und Halbhöhlen von Gemäuern, hoch oben, und umfliegen sie lauthals.

Die Dohlen, die hier bei meinen Eltern umherfliegen, brüten ausschließlich in Schornsteinen, am liebsten in jenen, die eine Art Dach drüber haben. Dass sie in Baumhöhlen oder Nistkästen brüten, so wie ich es einmal gelernt habe und als Kind dachte. Die Dohle war auch einmal Vogel des Jahres, um auf schwindende Bruthöhlen aufmerksam zu machen. Das habe ich noch nie erlebt. Jedenfalls nicht im Westen. In Schweden habe ich Dohlen in alten Obstbaum-Höhlen nisten sehen, in der Nähe meiner neuen Heimat in Brandenburg brüten einige wenige in alten Schwarzspechthöhlen. Bei einer Brutvogelkartierung in Schleswig-Holstein sollte ich extra auf baumbrütende Dohlen achten. Offenbar ist diese Eigenart selten geworden.

Die in Schornsteinen brütenden Dohlen nehmen allerdings im Westen vielerorts zu. Das sehen viele Hausbesitzer nicht gern und lassen sogenannte Dohlengitter einbauen – allerdings meistens nur in die aktiven Schornsteine. Zum Glück für die Dohlen haben ältere Häuser oft mehrere Schornsteine, von denen einige nicht mehr genutzt werden. Dann lassen die Dohlen fingerdicke Äste so lange in den Schacht fallen, bis sich etwas verhakt und auftürmt und so eine Plattform entsteht, die als Grundlage für das Nest dient.

Auf den Dächern in der Straße meiner Eltern sitzt auf nahezu jedem zweiten Hausdach ein Dohlenpaar. Das altgriechische Pendant zum deutschen „Gleich und Gleich gesellt sich gern" ist übrigens „Bei einer Dohle sitzt immer eine Dohle" – und das passt.

Jetzt, im Spätwinter, verteidigen die Dohlenpaare lauthals ihren Schornstein. Oder sie sitzen einfach da, eng beieinander, wie zwei Verliebte. Auch wenn Verliebtsein etwas ist, das man Tieren wohl kaum zuschreibt: Dohlenpaare sind sich ein Leben lang treu. So etwas mögen wir Menschen ja irgendwie gern. Diese Eigenschaft macht eine Vogelart immer direkt sympathisch, davon kann auch ich mich nicht freimachen.

Jetzt aber mal ohne Emotionen, rein biologisch: Ich finde es faszinierend, wie manche Vogelarten für sich in der Evolution mehr oder weniger herausgefunden haben, dass diese Dauer-Ehe günstiger für den Arterhalt sein soll als sich jährlich jemand Neues zu suchen. Andere Arten wie Blaumeisen oder Amseln handhaben es ja so – und kommen auch gut damit zurecht. Wahrscheinlich geht einfach beides. Machen wir Menschen ja auch so. Die alte Frage, ob wir in einer monogamen Beziehung am Ende unseres Lebens glücklicher gelebt haben als in einem anderen Modell, beschäftigt viele von uns aber trotzdem immer wieder, da bin ich mir sicher.

IN DER KULTUR:

„Like a bird on the wire
Like a drunk in a midnight choir
I have tried in my way to be free."
(LEONARD COHEN)

Meine Eltern sind auch schon ihr Leben lang zusammen. Wie die Dohlen oben auf dem Dach. Mein Vater war 18, als sie sich kennenlernten, meine Mutter 15. Wenn ich daran denke, werde ich demütig. Während ich hier am Wohnzimmerfenster sitze und die Dohlen draußen beobachte, liegt hinter mir, quer durch den Raum, meine Mutter auf dem Sofa, und ich war nie glücklicher darüber, dass sie da ist. Aus den Musikboxen ertönt Leonard Cohen. Das hat mein Vater ihr angemacht.

IHRE BLAUEN AUGEN sind oft auch aus der Ferne sichtbar. Unter den Rabenvögeln nehmen Dohlen damit eine besondere Position ein, denn die anderen dunklen Familienmitglieder wie Kolkrabe oder Rabenkrähe haben auch dunkle Augen.

DOHLEN SIND KULTURFOLGER: Zwar gibt es auch Kolonien, die in Spechthöhlen brüten, vielerorts bevorzugen sie aber inzwischen Schornsteine oder andere Höhlen und Hohlräume an menschlichen Behausungen. Gut für uns, so können wir ihr Verhalten genau beobachten.

Meine Mutter wurde heute nach drei Wochen aus dem Krankenhaus entlassen. Das erste Mal habe ich um ihr Leben gefürchtet. Jetzt schläft sie, der Kachelofen bollert und verströmt diese Wärme, die nur ein Kachelofen erzeugen kann. Ach, was sage ich, die nur dieser Kachelofen kann. Dieser Kachelofen, der hier schon bollerte, als ich ein Baby war.
Ich hatte nie eine besondere Beziehung zur Dohle. Die Art war mir nicht „nah".

Doch manchmal ändert sich die Welt schlagartig, von jetzt auf gleich ist nichts mehr wie es war. Jetzt, da ich einige Male hier war, als mein Vater allein war, alle in Sorge waren, bemerkte ich die Dohlen. Jetzt, plötzlich, habe ich eine Beziehung zur Dohle.

Nun habe ich Bilder und Erinnerungen, die ich mit dieser Vogelart verbinde. Ich verbinde sie mit sorgenvollen Momenten, aber nun, da ich hier sitze und schreibe, Leonard Cohen höre, meine Mutter langsam gesund wird und sich dieses warme Gefühl in meiner Brust ausbreitet, dass alles gut wird, verbinde ich die Dohle mit etwas Neuem. Es ist Aufbruch, Veränderung.
Vor dreißig Jahren lebte hier keine einzige Dohle, vor dreißig Jahren lebte ich noch hier zusammen mit meinen Eltern. Wir stehen uns sehr nah. Heute. Ich bin froh um diese Nähe, denn das war nicht immer so. „Like a bird on the wire, I have tried in my way to be free." Als ich ausgezogen bin, mit 19, habe ich genau das getan, ich habe versucht, mich zu befreien. Ich musste raus aus der dörflichen Enge, die wie ein großer Felsen auf meinem Brustkorb lag. Ich musste nach Berlin, um mich zu befreien. Nur so, nur dadurch – das weiß ich heute – war es möglich, heute ein gutes Verhältnis zu all dem hier zu haben: zu meinem Heimatort, meiner Jugend, unserem Haus, meinen Eltern. Der Felsen ist von meiner Brust abgefallen. In diesen zurückliegenden Wochen der Sorge, der Angst, da habe ich ganz konkret gespürt, wie nah wir uns sind. Jetzt sitze ich hier und ich verspüre ein unendliches Glück, dass ich so aufwachsen durfte, unter diesem Dach, mit diesen beiden Menschen, die mich mit ihren wachen, blauen Augen großgezogen haben. Und dass ich mich befreit habe – ich mich selbst, alleine. Darauf bin ich stolz.

DOHLEN KÖNNEN MITUNTER sehr zutraulich werden und sogar Bindungen zu Menschen aufbauen. Sie sind, wie alle Rabenvögel, sehr intelligent und sogar in der Lage, Menschen voneinander zu unterscheiden.

UNERWARTET

Ich habe die Dohlen in mein Herz gelassen, sie werden auf ewig für eine ganz besondere Zeit in meinem Leben stehen, auf die ich nicht vorbereitet gewesen bin. Die Dohlen werden mich weiter begleiten. Wer das kann, wer seine Augen und sein Herz öffnen kann für Vögel und für Momente, für Gefühle, die damit in Verbindung stehen, ist gesegnet. Hätte ich die Vögel in meiner Kindheit hier in diesem Elternhaus, in diesem Garten nicht in mein Herz gelassen, ich bin mir sicher: Ich wäre ein völlig anderer Mensch. Ich wäre niemals so glücklich, so grundlegend zufrieden wie ich es heute bin.

SELBST GUTES TUN

Höhlen für Dohlen

Dohlen lieben es, in unseren Siedlungen an hohen Punkten und alten Gemäuern zu nisten. Alte Kirchtürme, Burgen und Stadtmauern wurden in der Vergangenheit immer öfter für sie verschlossen. Die Ablehnung, die viele Verantwortliche in Kommunen gegenüber Stadttauben hegen, trifft letzten Endes auch andere Gebäudebrüter wie die Dohle. Auch Schleiereulen und Mauersegler sind betroffen, wenn Nischen und Löcher an Kirchen und Co. verschlossen werden. Auch Fledermäuse brauchen dringend unseren Schutz. Der Mensch ist schon verrückt, oder? Immer getrieben von der Angst, es könne sich etwas „einnisten". Dabei gibt es doch eigentlich nichts Schöneres, als mit anderen Tieren unter einem Dach zu leben! Sprecht also mit euren Gemeindevertretern, vielleicht mit eurer Pfarrerin oder eurem Pfarrer. Kirchtürme und andere alte, öffentliche Gebäude sind wichtige Lebensräume für Dohle & Co. Wenn sie sich zieren, bringt Gott ins Spiel. Denn sollten sich nicht gerade die Kirchen öffnen für alle Lebewesen der Schöpfung?

In manchen Regionen kommen auch nach wie vor Baumbruten vor, bei Philipp in der Nähe brüten einige Dohlen in alten Schwarzspechthöhlen – immer in kleinen Kolonien. Das kannst du auch unterstützen, indem du Nistkästen für die Dohlen aufhängst, bitte immer mindestens drei oder vier in lockeren Abständen, denn Dohlen brüten niemals gern allein. Das Einflugloch sollte ungefähr 120 mm Durchmesser haben und der Kasten dann entsprechend groß sein. Und falls die Dohlen keinen Bock haben: Auch die Hohltaube nimmt gern solche Kästen an, eine super spannende Taubenart, die eine reine Höhlenbrüterin ist – ganz anders als ihre direkten Verwandten bei uns in Mitteleuropa.

Meisen geben Halt

KLEIN UND FEIN

Über Meisen ließe sich ein ganzes Buch schreiben, eine Serie fürs Kino drehen. Meisen sind so klein und immer da. Meisen laufen bei uns Vogelfreundinnen und -freunden manchmal völlig unter dem Radar und doch sind sie die wohl wichtigsten Vögel für uns. Und wenn es sie nicht gäbe, wäre unser aller Leben um einiges ärmer. Antonia und Philipp haben beide eine enge Beziehung zu Meisen. Sie symbolisieren Kindheit, Gegenwart und Zukunft gleichermaßen.

Was für uns in der Vogelbeobachtung immer eine zentrale Rolle spielt, ist die Tatsache, dass Vögel uns wirklich etwas bedeuten. Wir hatten noch nie das Ziel, einen Haken hinter eine seltene Art zu machen, ein besonders Foto zu schießen oder als erste Person irgendetwas Neues über eine Art herauszufinden und zu veröffentlichen. Es waren schon immer die Vögel selbst, die uns etwas bedeuten, die uns wirklich wichtig sind, die unsere Freunde sind. Und keine andere Familie im Sinne der biologischen Systematik steht dafür so symbolisch und beispielhaft wie unsere Meisen: Kohl-, Blau-, Hauben- und Tannenmeisen und andere.

In Zeiten wie diesen, in denen eine Katastrophe die nächste jagt, wir nicht wissen, wie wir so eine Welt unseren Kindern, unseren Nichten und Neffen hinterlassen sollen, geben die Meisen uns Halt. Blaumeisen und Kohlmeisen waren einfach immer da, in den Gärten unserer Kindheit, auf unseren Berliner Balkonen, und heute vor unseren Fenstern in Köln und in Brandenburg.

Uns ist mal aufgefallen, dass wir Blaumeisen sympathischer finden als Kohlmeisen, die durch ihre dunkle Kappe und den dadurch dunkleren Gesichtsausdruck immer etwas gemeiner wirken. Doch noch als wir es aussprachen, haben wir uns geschämt und wir haben uns dreimal gesagt: Wir lieben alle Meisen und wir lieben auch Kohlmeisen. Und das stimmt bis heute. Haubenmeisen und Tannenmeisen haben wir lange nicht mehr gesehen, Sumpf-und Weidenmeisen können wir auf den ersten Blick nicht unterscheiden und wenn ein Trupp Schwanzmeisen durch unser Blickfeld fliegt – die ja übrigens mit Laubsängern und Grasmücken enger verwandt sind als mit ihren Namensgeberinnen, den Meisen, – dann rasten wir förmlich aus. Warum lösen Meisen so viele Gefühle in uns aus? Was ist das Besondere an ihnen?

Meisen waren, als wir Kinder waren, die ersten, die wir stundenlang im Garten beobachteten. Meisen sind die ersten Vögel, zu denen Menschen eine gewisse Beziehung aufbauen – das gilt auch für Vogelbeobachtungs-Anfängerinnen und -Anfänger. Meisen sind super Einstiegsvögel, eine echte Einstiegsdroge: Einmal auf dem Schirm, einmal genauer beobachtet, kann man nicht mehr ohne sie. Wir erinnern uns an die Meisen unserer Kindheit. Sie waren fast zahm, sie kamen uns nah, sie schienen uns zu kennen. Wenn im Frühling die ersten flüggen Meisen aus dem Nistkasten flatterten, noch unbeholfen und ungeschickt, fieberten wir mit. Meisen bringen uns auf andere Gedanken, sie sind quirlig und lebendig, immer beschäftigt, auf eine Art klein, und doch groß. Flink und manchmal sofort wieder weg - und doch die heimlichen Kings und Queens am Futterhaus.

Sie sind immer da, sie waren immer da und wir laufen Gefahr, sie manchmal nicht mehr wertzuschätzen. Dabei waren sie es doch, die in uns einst unsere große Vogelliebe entfachten, da sind wir uns ganz sicher.

Wenn die Welt aus den Fugen gerät, wenn wir manchmal nicht mehr wissen, wie es weitergeht, wenn Klimakatastrophe, Pandemie und Krieg unseren Alltag und die Nachrichten bestimmen, dann kann es manchmal nur eine kleine Meise schaffen, uns zum Lächeln zu bringen. Und die schafft es ganz bestimmt. Ein „Zizibäh“ vom Balkongeländer, ein schriller Warnruf, wenn der Sperber kommt. Kohlmeise und Blaumeise, aber auch

Meisen liebt wohl jedes Kind. Antonias Tochter kann, seit sie vier Jahre alt ist, Kohlmeisen und Blaumeisen beide voneinander unterscheiden.

ANTONIAS TOCHTER auf dem Balkon mit ihrem Fernglas während des ersten Lockdowns 2020. Zu dieser Zeit war herrliches Wetter in Köln, und auch Luzi hat sich vermehrt mit den Vögeln im Park und auf dem Balkon beschäftigt. Vögel beobachten und zählen macht auch Kindern großen Spaß.

die anderen Meisenarten geben uns Halt und Sicherheit, wenn wir sie erkennen. Sie waren, sind und werden immer da sein. Was hochtrabend klingt, ist einfach so. Meisen haben eine beruhigende Wirkung auf uns.

Geht raus, schaut euch um, geht mit offenen Augen durch die Welt und wertschätzt auch das, was euch vor die Nase fliegt, was keine große Bühne braucht. Öffnet eure Fenster und eure Augen und seht genau hin! Nehmt an, was uns seit Jahrtausenden umgibt: Diesen unfassbaren Schatz, der uns so glücklich machen kann, wenn wir ihn nur sehen.

Und diesen Schatz gilt es zu bewahren. Es ist an uns allen, zu bemerken, dass wir nicht alleine sind auf diesem Planeten – und dass wir Menschen Verantwortung tragen, dafür, dass nicht noch mehr Arten unwiderruflich verschwinden. Wir beeinflussen die Umwelt durch unser tägliches Leben maßgeblich, durch unser Einkaufsverhalten, unseren Fleischkonsum und unser Kreuzchen bei den nächsten Wahlen.

Der Rückgang vieler Vogelarten lässt sich häufig unmittelbar auf menschliches Handeln zurückführen. Informieren wir uns, aktivieren wir uns. Oft sind es Kleinigkeiten, wie z.B. ein Umdenken im eigenen Garten oder das Pflanzen insektenfreundlicher, pollenreicher Wildstauden, das Liegenlassen von Totholz, das Aufhängen von Nistkästen mit Schülerinnen und Schülern auf dem Pausenhof. Jede und jeder kann etwas tun, um unsere Vogelwelt zu unterstützen.

ANTONIA UND PHILIPP sind sich sicher: Wer Blaumeisen nicht süß findet, hat kein Herz. Nicht nur das Aussehen ist toll, sie sind auch kleine, mutige, freche Vögel und haben ein „großes Herz". Dabei haben Wissenschaftler herausgefunden, dass die einzelnen Tiere durchaus unterschiedliche Charaktere haben können.

ZUM ENDE

Und welcher Dank könnte schöner sein als ein singendes Amselmännchen auf dem Dachfirst im Sonnenuntergang oder tschilpende Spatzen auf der Regenrinne. Schwalben, die durchs angelehnte Fenster fliegen und Feldlerchen, die sich wie eh und je in die Luft schwingen und vom Sommer singen. Geben wir den Vögeln etwas zurück, geben wir ihnen Lebensräume in unseren Gärten, auf unseren Balkonen und vor allem auf den Feldern. Denn nicht nur sie brauchen konkrete Hilfe: Auch wir brauchen sie. In einer Welt ohne Vögel sind wir verloren.

Wer oder was euch weiterhilft

VERBÄNDE & CO.

Berliner Spatzenretter
www.berliner-spatzenretter.de
voegel@loupefilm.de

BirdLife Österreich – Gesellschaft für Vogelkunde
Museumsplatz 1/10/8,
A-1070 Wien
www.birdlife.at

Deutsche Gesellschaft für Mauersegler e.V.
Buchenstr. 9,
D-65933 Frankfurt/Main
www.mauersegler.com,
info@mauersegler.com

Entomologischer Verein Krefeld
Marktstraße 159,
D-47798 Krefeld
http://www.entomologica.org/

Förderverein Naturpark Niederlausitzer Heidelandschaft e.V. Artenschutzprojekt Wiederansiedlung des Auerhuhns
Markt 20,
D-04924 Bad Liebenwerda
Tel.: 035341 329-747
www.naturpark-nlh.de

Komitee gegen den Vogelmord
Bundesgeschäftsstelle
An der Ziegelei 8,
D-53127 Bonn
www.komitee.de, info@komitee.de

LBV – Landesbund für Vogelschutz in Bayern e. V.
Eisvogelweg 1,
D-91161 Hilpoltstein
www.lbv.de

Naturschutzbund Deutschland (NABU) e. V.
NABU-Bundesgeschäftsstelle
Charitéstr. 3, D-10117 Berlin
www.nabu.de

Riffreporter
https://www.riffreporter.de/de/umwelt

Schweizer Vogelschutz SVS/BirdLife Schweiz
Wiedingstr. 78,
CH-8036 Zürich
www.birdlife.ch

Strobel Naturschutzbedarf
Nitzschkaer Straße 29,
D-04626 Schmölln-Kummer
www.naturschutzbedarf-strobel.de

Vogelschutz und Glas/Fenster
Claudia Wegworth
www.birdsandbuildings.de

Wiedehopfen: Bier und Naturschutz
Trinke Bier, schaffe Lebensraum
Zöllmersdorfer Dorfstr. 5,
D-15926 Luckau
www.wiedehopfen.org

Wildvogelhilfe-Notfälle Facebook Gruppe:
https://de-de.facebook.com/groups/Wildvogelhilfe/about/

ANTONIAS UND PHILIPPS BESONDERE FUTTEREMPFEHLUNG

Welzhofer GmbH Vogelfutter
Zur Mühle 8,
D-86473 Schönebach
www.welzhofer.eu

PHILIPPS BESONDERE ORTSEMPFEHLUNGEN

Sielmanns Natur-Erlebniszentrum Wanninchen
(Sielmann-Stiftung)
Wanninchen 1, D-15926 Luckau OT Görlsdorf
https://www.sielmann-stiftung.de/natur-erleben/erholungsorte/wanninchen

Storchenschmiede Linum
Nauener Str. 54,
D-16833 Fehrbellin
https://storchenschmiede.org/

Naturpark Niederlausitzer Landrücken
Alte Luckauer Str. 1,
D-15926 Luckau
https://www.niederlausitzer-landruecken-naturpark.de/

Empfehlenswerte Medien

PODCAST

Gut zu Vögeln-Podcast
Antonia Coenen und Philipp Juranek
@gut.zu.voegeln.podcast

Peter und der Wald –
der Podcast von Peter Wohlleben
https://www.peter-wohlleben.de/podcast

Süßes oder Saurier –
der Wissenspodcast für Kinder
Museum für Naturkunde Berlin
https://www.museumfuernaturkunde.berlin/de/museum/fuernatur-digital/suesses-oder-saurier-der-wissenspodcast-fuer-kinder

SPIELE

Eulberg, Dominik:
Fliegende Edelsteine.
Das Vogelquartett

Hargrave, Elizabeth:
Flügelschlag.
Feuerland-Spiele

BÜCHER

ALBUS, A. (2005):
Von seltenen Vögeln. 300 Seiten, S. Fischer (antiquarisch)

ALBUS, A. (2014):
Käuze und Kathedralen. Geschichten, Essays und Marginalien. 176 Seiten, S. Fischer

BARTHEL, P. H./DOUGALIS, P. (2019):
Was fliegt denn da? Das Original. Alle Vogelarten Europas. Extra: Über 188 Vogelstimmen kostenlos mit der KOSMOS-PLUS-App hören. 200 Seiten, Kosmos

DÖRFLER, E. P. (2021):
Nestwärme. Was wir von Vögeln lernen können. 320 Seiten, Goldmann Verlag

EULBERG, D. (2021):
Mikroorgasmen überall. Von der Raffinesse und Mannigfaltigkeit der Natur vor unserer Haustür. 352 Seiten, Eichborn

GRIMM, J. und W. (1978):
Jorinde und Joringel. Bilder von Paula Schmidt. Middelhauve (antiquarisch)

HEINZEL, H. et al. (1996):
Pareys Vogelbuch. Alle Vögel Europas, Nordafrikas und des Mittleren Ostens. 384 Seiten, Blackwell Wissenschafts-Verlag (antiquarisch)

HINTON, N. (2001):
Im Herzen des Tals. Roman. 304 Seiten, dtv

ODDIE, B. (2011):
Bill Oddie's Little Black Bird Book. In Englisch. 144 Seiten, Pavilion Books (antiquarisch)

MISCHITZ, V. (2019):
Birding für Ahnungslose. Wie du Vögel in dein Leben lässt. 128 Seiten, Kosmos

OTTOSON, A. und M. (2018):
Vögel ganz nah. 272 Seiten, Sieveking Verlag

PORTER, M. (2018):
Trauer ist das Ding mit Federn. 126 Seiten, Kein & Aber

REICHHOLF, J. H. (2016):
Ornis: Das Leben der Vögel. 272 Seiten, Ullstein Taschenbuch

ROMBERG, J. (2018):
Federnlesen. Vom Glück, Vögel zu beobachten. 304 Seiten, Bastei Lübbe

SCHMID, U. (2018):
Naturzeit Vögel. Zwischen Himmel und Erde. 240 Seiten, Kosmos

SCHMID, U. (2018):
Welcher Gartenvogel ist das? 100 Arten erkennen und beobachten. 192 Seiten, Kosmos

SCHMOLZ, M. (2020):
Die siehst du! Die Vögel um dich herum. 224 Seiten, Kosmos

SCHWÄGERL, C. (Hrsg) (2020):
Die Flugbegleiter. Von einem Geier, der Frieden stiftet, Hightech-Störchen und andere Reportagen über Vögel und Menschen. 240 Seiten, Kosmos

Die meisten Kosmos-Titel sind zudem als E-Book erhältlich.

Register

Die fett gedruckten Seitenzahlen verweisen auf Abbildungen.

Impressum

Mit 210 Abbildungen: 11 von **Adobe Stock** (barbulat (S. 125), **Budimir Jevtic** (S.194 o.), **creativenature.nl** (S. 32), **FotoRike** (S. 177 re.), **Jesus** (S. 156/157, **Jgade** (S. 181), **kunioski** (S. 190 u.), **Otto Durst** (S. 190 o.), rustamank (S. 17 o.), **Tatiana** (S. 5), **Wim** (S. 158 o.)), 2 von **Johanna Behre** (S. 136, 138), 1 von **Wolfgang Buchhorn/Frank Hecker** (S. 114/115), 1 von **Friederike von Bülow** (S. 161), 3 von **Mathias Burke/studio amore** (S. 154 beide, 160), 15 von **Paschalis Dougalis** (S. 14 alle, 47, 51, 70/71 alle, 109 u., 139, 149, 193), 3 von **Levin Gräfe** (S. 104, 184, 188/189), 12 von **Frank Hecker** (S. 31 beide, 69 li., 75 u., 79 u., 82 o., 85, 94/95, 96, 107, 183 re., 192), 1 von **Kerstin Hinze** 158 u., 6 von **iStock** (Gerald Corsi (S. 117, 120 o., 127), **Michelle Mahlke-Sloniecki** (S. 128/129), **victoriya89** (S. 13, 34/35)), 40 von **Philipp Juranek** (S. 4, 8, 9, 17 u. beide, 52, 53 alle, 59 re., 60, 62 u., 67, 69 alle, 72 alle, 74, 79 o., 80, 81, 82 u., 88 u., 91, 92 o. beide, 97, 100 u., 102, 105 alle, 134 alle, 183 li., 199 u.), 1 von **Christopher Kaps** (S. 75 o.), 2 von **Sandra Lefrançois** (S. 191 beide), 69 von **LOUPEFILM** (S. 10/11, 18 beide, 21, 22/23, 24 alle, 27, 28 alle, 33, 39 u. beide, 40 beide, 43 alle, 44, 48 alle, 49, 72 o. li., 87 u., 99, 103, 109 o. beide, 110 beide, 119 beide, 120 u., 122 beide, 123 o., 124, 126, 145 beide, 148, 153 beide, 165 beide, 166 u., 168 o., 169, 171, 173 alle, 187 alle, 199 o. re., 201), 1 von **Reinhard Meissner** (S. 87 o.), 2 von **Luise Merkert** (S. 92 u. li., 166 o.), 15 von **Pixabay** (**40799** (S. 37), **Alexas Fotos** (S. 39 o.), **Antranias** (S. 100 o.), **fietzfotos** (S. 175), **fokustier** (S. 7), **ivabalk** (S. 174), **LubosHouska** (S. 46 o.), **mannette** (S. 76/77), **Michael Kleinsasser** (S. 199 o. li.) **Montevideo** (S. 46 u.), **Ralphs Fotos** (S. 176), **Thomas** (S. Wolter (S. 177 li.), **ykaiavu** (S. 194 u.), **Kathy Buescher** (S. 197)), 10 von **Martin Rundfeldt** (S. 57, 60, 62 o., 64/65, 88 o., 131, 137, 140, 163, 186/179), 6 von **Mathias Schäf** (S. 123 u., 143, 146 beide, 147 beide), 1 von **Rudolf Schmidt/ Frank Hecker** (S. 195), 6 von **Shutterstock** (Artsiom P (S. 54/55), **Barashkova Natalia** (S. 112, 113), **nick vorobey** (S. 50), **Samoli** (S. 168 u.), **Zoonar** (S. 151)), 2 von **Stefan Wassmer** (S. 133 beide), 1 von **Ursula Wulfert/Werbeteam Wulfert/gemeinfrei/Wikipedia** (S. 92 u. re.).
Umschlag- und Klappengestaltung von **Studio Gramisci**, München, unter Verwendung einer Aufnahme von **Debora Mittelstaedt** und Illustrationen von **Nika Coenen**.
Die Fotos auf den Umschlagklappen sind von **LOUPEFILM**, außer: Moderatorinnenbild von **Bettina Rust**, Zaunkönige und Blau- und Kohlmeise von **Frank Hecker**, Buntspecht von **Johanna Grosse**, Foto mit Antonia und Philipp von **Debora Mittelstaedt** und die Blaumeise auf der Umschlagrückseite von **Pixabay/TheOtherKev**.

Teile der Recherchen von P. Juranek zu diesem Buch wurden unterstützt durch das Neustart Kultur Stipendium der VG Wort.

Gedruckt auf chlorfrei gebleichtem Papier

2023, Franckh-Kosmos Verlags-GmbH & Co. KG, Pfizerstraße 5-7, 70184 Stuttgart

ISBN: 978-3-440-17366-4
Redaktion: Stefanie Tommes, Heiko Fischer
Produktion: Markus Schärtlein
Gestaltungskonzept und Satz:
Studio Gramisci, München
Druck und Bindung: Print Consult GmbH, München
Printed in Slovakia / Imprimé en Slovaquie

Also süßer geht's nicht.
Es geht anders.
——— Aber es geht nicht süßer.

PODCAST "GUT ZU VÖGELN" FOLGE #35

DER ZAUNKÖNIG

PHILIPP: Ganz schön laut. Und das aus so einem Mäusevogel!
ANTONIA: Aus so einem kleinen Mäusevogel! Also wenn man mal im Internet eingibt „Singender Zaunkönig" und dann guckt man, wie süß der singt, wie süß der Schwanz mitzittert und sich bewegt... Das ist einfach zu viel für mich.
PHILIPP: Ja, das stimmt. Da gibt es Videos im Internet - aber am besten, ihr geht einfach raus in die Natur und schaut es euch an. Es gibt diese Videos, wo der Vogel schmettert, und dieses kleine Schwänzchen, das geht so mit.
ANTONIA: Ja!
PHILIPP: Das ist wirklich unglaublich.
ANTONIA: Also süßer geht's nicht. Es geht anders. Aber es geht nicht süßer.
PHILIPP: Es ist schon süß. Aber ich verbinde damit auch so ein gewisses Macho-Gehabe.
ANTONIA: Absolut!
PHILIPP: Also es ist nicht so dieses Verträumte, wie bei der Nachtigall, die sitzt da in der Abendsonne und flötet sehnsuchtsvoll – so nach dem Motto „Hier bin ich, und ihr haut ab, wo sind die Weiber?"
ANTONIA (lacht): Ja es ist nicht Schwanzmeisen-süß, es ist eher süß, weil alles an ihm so klein ist und er trotzdem so einen auf dicke Hose macht.
PHILIPP: Und das ist dann wieder süß, genau.